LES PLUS EXCELLENTS

BASTIMENTS

DE FRANCE

LES PLUS EXCELLENTS

BASTIMENTS

DE FRANCE

PAR

J.-A. DU CERCEAU

SOUS LA DIRECTION

DE Mᵣ. H. DESTAILLEUR

Architecte du Gouvernement

GRAVÉS EN FAC-SIMILE

PAR Mᵣ. FAURE DUJARRIC, ARCHITECTE

NOUVELLE ÉDITION

AUGMENTÉE DE PLANCHES INÉDITES DE DU CERCEAU

TOME II

PARIS

A. LÉVY, LIBRAIRE-ÉDITEUR

29, RUE DE SEINE, 29

M DCCC LXX

LE SECOND VOLVME

des plus excellents Basti-
ments de France.

Auquel font defignez les plans de quinze Baftiments, & de leur contenu :
enfemble les eleuations & fingularitez d'vn chafcun.

PAR IACQVES ANDROVET, DV
CERCEAV, ARCHITECTE.

A PARIS,

Chez Gilles Beys, libraire Iuré, rue S. Iacques à
l'enfeigne du Lis blanc.

M. D. LXXIX.

TABLE DES BASTIMENS CON-
tenuz en ce fecond volume.

Maifons Royales.

BLOIS.

AMBOYSE.

FONTAINEBLEAV.

VILLIERS COSTE-RETS.

CHARLEVAL.

LES THVILLERIES.

SAINCT MAVR.

CHENONCEAV.

Maiſons particulieres.

CHANTILLY.

ANET.

ESCOVAN.

DAMPIERRE.

CHALLVAV.

BEAVREGARD.

BVRY.

A TRESILLVSTRE ET TRES-

VERTVEVSE PRINCESSE CATHERINE DE
MEDICIS, ROINE MERE DV ROY.

ADAME, Encore que i'aye efté fouuent importuné par plufieurs, de continuer & acheuer le fecond Volume des plus excellens baftimens de France : toutesfois rien ne m'a tant contraint d'y mettre la main, que la pro— meffe que ie vous en auois faicte. Il est vray que ie ne l'ay pas fi toft paracheué, comme i'euffe bien defiré, pource qu'il eft befoin fe tranfporter fur les lieux pour en prendre les plans & deffeins auec leurs mefures ce qui ne fe peut faire qu'auec vn long temps, mefmes en mon endroit : d'autant que la vieilleffe ne me permet faire telle diligence que ieuffe faict autrefois. Nonobftant, Madame, ie me delibere, Dieu aydant, le refte de ma vie pourfuiure & continuer mes labeurs à ce que ie cognoiftray vous eftre aggreable, pour les vous dedier, comme ie fais ce prefent volume, auquel i'ay fuyui le mefme ordre, & maniere que i'auois faict au precedent. Vous priant, Madame, le prendre & receuoir d'auffi bonne volonté, qu'auez faict mes autres œuures par cy deuant. Et en cefte affeurance.

MADAME, Ie prie Dieu vous donner en parfaite fanté, heureufe & longue vie, auec l'accompliffement de vos bons & faintz defirs.

De voftre Maiefté le tref–humble & tref–obeiffant feruiteur, IACQVES ANDROVET. DV CERCEAV.

BLOIS.

E Chasteau est assez renommé pour les frequentes demeures que y faisoyent anciennement les Rois de France, principalement le Roy Loys douziesme, que lon nommoit *Pater Patriæ*. Ce lieu est hault assis sur la riuiere de Loire, & au bas est la ville. Sur la riuiere est vn pont, Le Chasteau est basty la plus grande partie de pierre & brique. La court n'est pas carree, comme vous est monstré par le dessein du plan. Il y a pareillement de beaux & grands iardins, differans les vns des autres aucuns ayans larges allees à lentour, aucunes couuertes de charpenterie, les autres de coudres, autres appliquez à vignes. La ville n'est pas bien à niueau. Car par aucuns endroits des ruës on y va montant & descendant, mesmes à aulcunes places par degrez faits de paué. Dans icelle ville y a de beaux bastimens. La raison est, qu'il y a plusieurs personnes, qui par cy deuant voyant la Court estre quasi ordinairement à Blois, y ont voulu faire leur demeure : de sorte que maintenant ne se trouue gueres de villes, ou il y ait tant d'Officiers de la Court, qu'en icelle, & mesmes iusques aux plus grans. Ce lieu est accompaigné de deux forests, l'vne du costé deça la riuiere, l'autre de l'autre part d'icelle. Sortant des iardins du lieu, lon va à vne allee couuerte d'ormes à quatre rangs, iusques à la forest prochaine, laquelle allée contient douze cents tant de toises, comme ie l'ay toisée. On peult aller du Chasteau à l'ombre sous les arbres d'icelle iusques à ladicte forest. Entour icelle ville à deux & à trois lieuës à l'enuiron, sont de belles places renommees, comme Bury, Beauregard, Villesanin, Chindony, & autres, dont deux d'ceux ay-ie mis en ce second volume de bastimens de France, comme verrez en leur lieu. Vne grand partie de la terre d'enuiron sont vignobles & de trois sortes, dont les bons se nomment Auuernatz, les plus petis lignages, les moyens vins de grois, & en recueillent en abondance au long d'icelle riuiere de Loire. Ils sont contraints en la pluspart des endroicts où passe ladicte riuiere faire des leueés pour la tenir serree depeur de ses desbordemens.

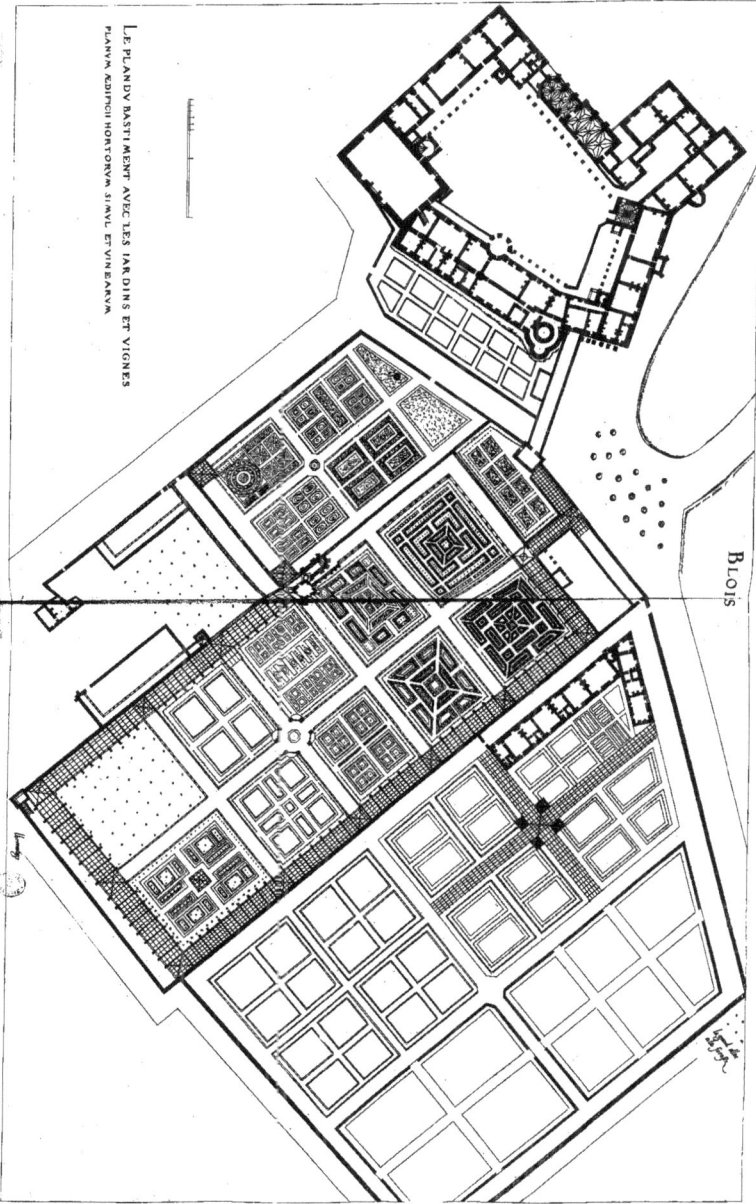

LE PLAN DV BASTIMENT AVEC LES IARDINS ET VIGNES

PLANVM ÆDIFICII HORTORVM SI AVL ET VINEARVM

BLOIS

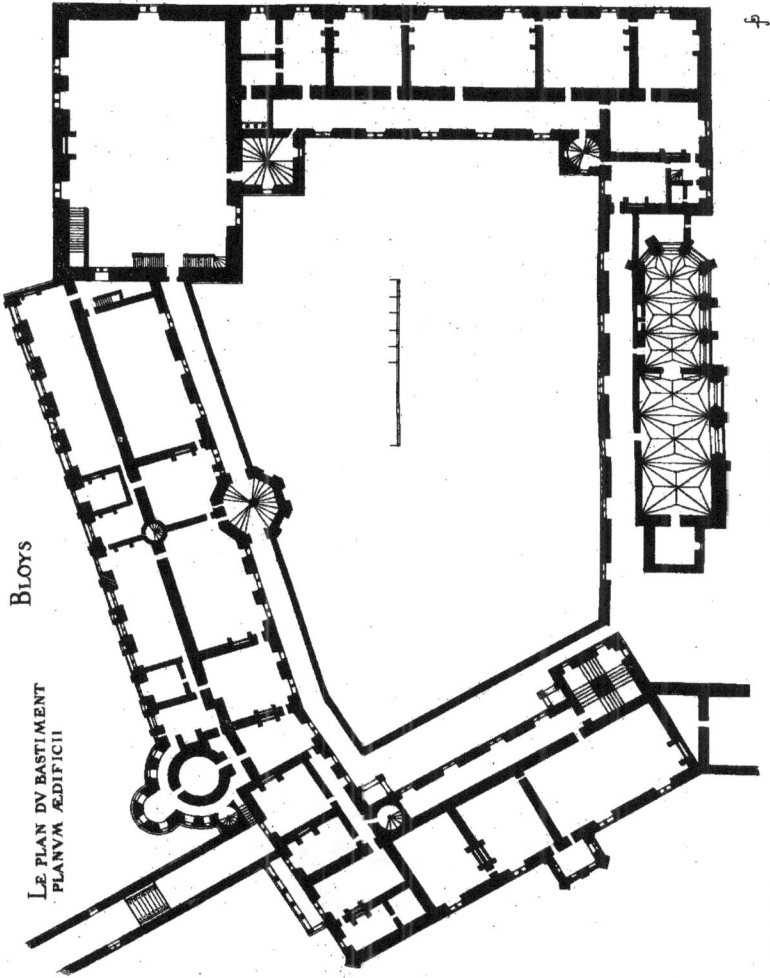

BLOYS

LE PLAN DV BASTIMENT
PLANVM ÆDIFICII

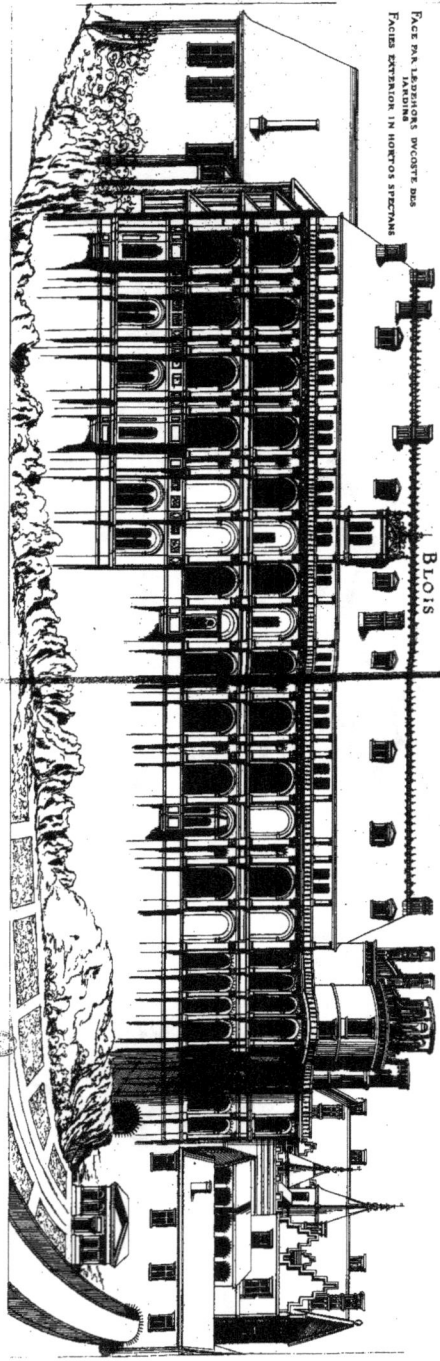

FACE PAR LE DEHORS DVCOSTE DES
IARDINS
FACIES EXTERIOR IN HORTOS SPECTANS

BLOIS

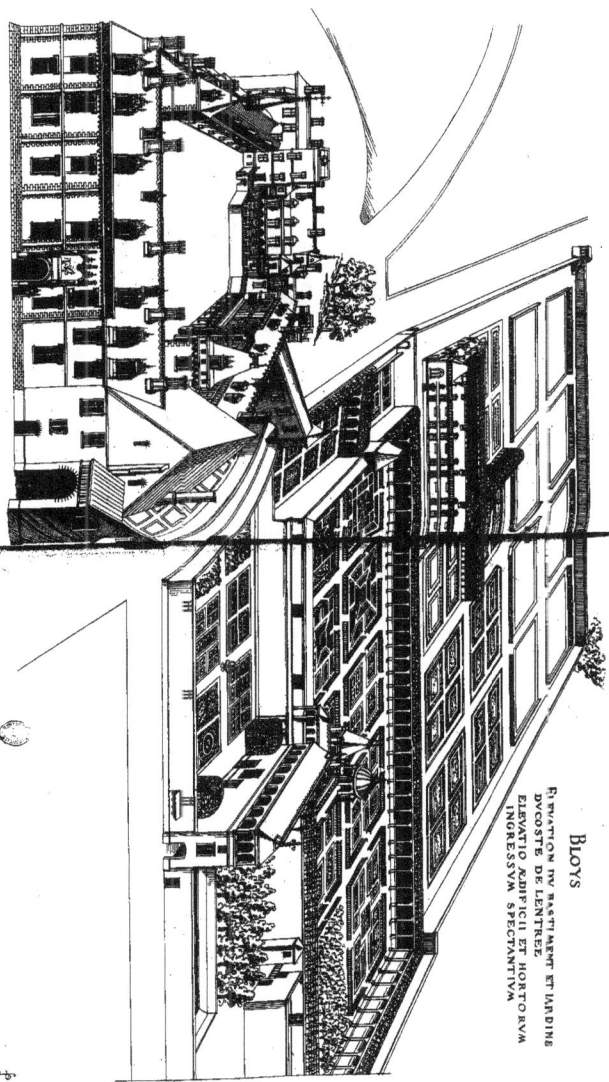

BLOYS

ELEVATION DV BASTIMENT ET IARDINE
DV COSTÉ DE L'ENTREE,
ELEVATIO ÆDIFICII ET HORTORVM
INGRESSVM SPECTANTIVM

FACES DANS LA COURT
FACIES IN AREAM SPECTANTES

BLOYS

AMBOISE.

E Chaſteau eſt d'Ancienneté fort renommé, comme l'vn des principaux baſtimens de France, à cauſe de la frequente demeure que faiſoyent les Roys en ce lieu. Il eſt aſſis ſur la riuiere de Loire, en vn lieu hault. Au pied d'iceluy eſt la ville, & pres d'Icelle y a vne foreſt aſſez belle. La veuë de ce Chaſteau s'eſtend ſur ladicte riuiere, tant d'amont que d'aual : mais celle d'aual, ie n'ay memoire en auoir veu vne elle. Car des terraces qui enuironnent ce Chaſteau en d'aucuns endroits, ſe voyent aiſément la ville de Tours, & l'Abbaye de Marmonſtier, encor qu'il y ait ſept lieues de diſtance, & encor beaucoup plus loin à perte de veuë. Ce baſtiment n'eſt ſeulement eſleué du coſté de la riuiere, mais auſſi du coſté de la ville, laquelle il tient à ſon commandement. Tout le circuit du baſtiment eſt fierement baſty, & ſur roc, au pied duquel, ioignant la cloſture, ſont deux groſſes tours de dix à onze toiſes de diàmetre en dedans, ou enuiron, eſquelles tours les chariots auec cheuaux peuuent monter du bas en haut iuſques à la court du Chaſteau. Il y a en ce lieu pluſieurs corps de logis. Ceux qui ſont aſſiz ſur les cloſtures, ſont bien baſtiz, comme le logis de Vertuz, & autres. Mais il y en a par dedans, qui ne ſont que de cloiſonnages. Depuis quelque temps a eſté faict quelque corps de baſtimens neufs reſpondans ſur le Iardin, auec d'autres reſpondans ſur la court du milieu. Le Iardin eſt vn peu eſtroit pour la grande longueur qu'il a, lequel eſt fermé dans la cloſture du Chaſteau. Au milieu du lieu ſur la premiere court eſt ſitué & baſty vn Temple d'ordre moderne, pareillement vne petite Chapelle, eſleuée & aſſiſe en ſaillie outre les cloſtures du lieu du coſté de la ville.

Il y a vn ieu de paulme en l'vne des courts, pris dans terre comme en vn foſſé. Au pied du chaſteau & bout de la ville eſt vn pont de pierre ſur la riuiere, ſur lequel ſont baſties quelques maiſons particulieres.

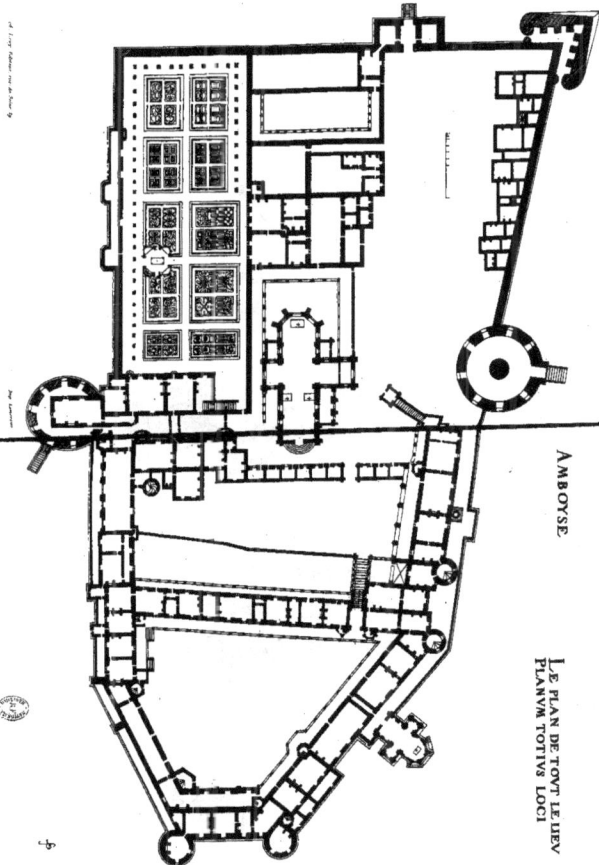

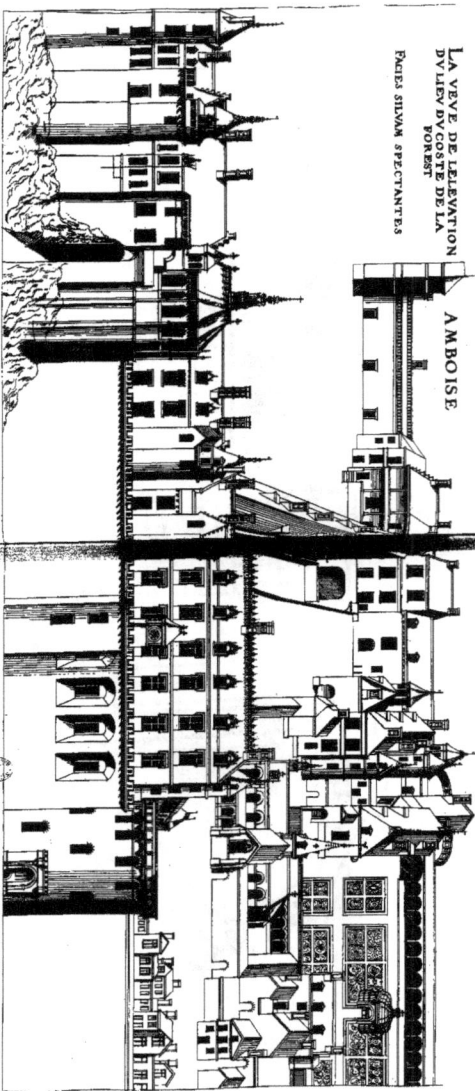

LA VEVE DE L'ELEVATION
DV LIEV DV COSTE DE LA
FOREST

FACIES SILVAM SPECTANTES

AMBOISE

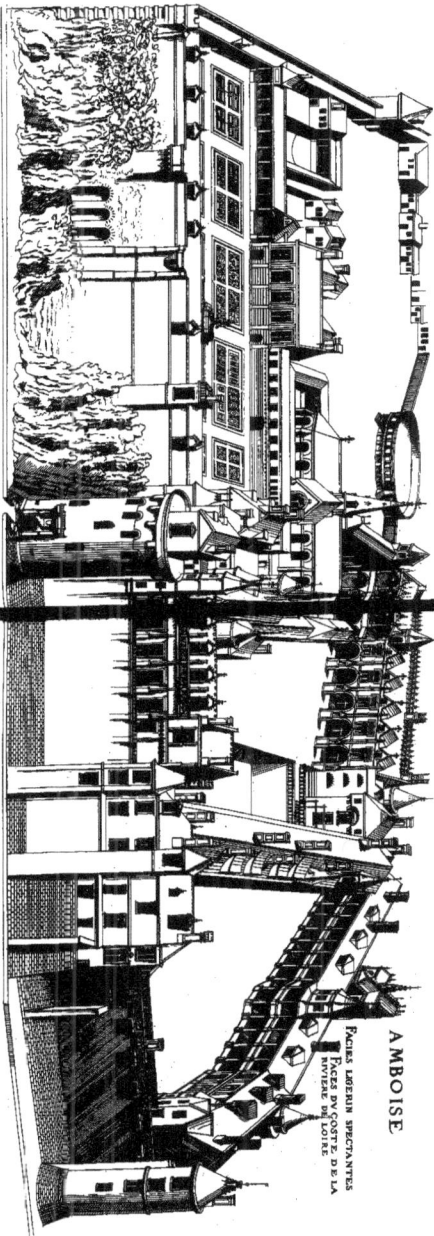

AMBOISE.

FACES LEGERIN SPECTANTES
FACES DV COSTE DE LA
RIVIERE DE LOIRE

FONTAINEBLEAU.

ONTAINEBLEAV eſt vn lieu aſſis dans la Foreſt de Biere, en vne plaine, fermé de diuers coſtez, rochers, & montaignes couuertes de boys de haulte fuſtaye. Anciennement c'eſtoit vn vieil baſtiment, où les Rois par quelques fois ſe retiroyent pour eſtre là comme en lieu ſolitaire. Le Roy François premier, qui aimoit tant à baſtir, conſiderant ce lieu ainſi fermé de ſes ruſtiques, y print fort grand plaiſir : & de faiſt, le fiſt baſtir comme il eſt de preſent. Les anciens recitent, qu'en ce lieu y auoit vne groſſe tcur, ou de preſent & ſur les fondement d'icelle eſt la Chapelle, prochaine de la grand ſalle du bal, & ſ'eſt-on ſeruy d'aucuns vieils fondemens. La plus grande partie du logis eſt baſtie de Grets, comme meſme ils en ont les rochers ſur le lieu, auec brique : principalement la baſſe court, laquelle en grandeur excede toutes autres courts des baſtimens Royaux. En la ſeconde court, y a ſource de fontaine, & ſe diſt que c'eſt la plus belle eauë de ſource qui ſe voye gueres, & que par ce on l'appelloit belle eauë, maintenant Fontainebleau. Ce lieu eſt à demie lieue de la riuiere de Seine. La terre n'eſt que ſablonnage, tellement que les arbres de ladite foreſt ne ſont pas communément de belle grandeur, & ne peuuent gueres bien prouffiter. Le feu Roy François, qui le fiſt baſtir, s'y aymoit merueilleuſement : de ſorte que la pluſgrande partie du temps il s'y tenoit, & là enrichy de toutes ſortes de commoditez, auec les galleries, ſalles, chambres, eſtuues, & autres membres, le tout embelly de toutes ſortes d'hiſtoires, tant peinſtes que de relief, faites par les plus excellens maiſtres que le Roy pouuoit recouurer de France & d'Italie, d'où il a faiſt venir auſſi pluſieurs belles pieces antiques. En ſomme, que tout ce que le Roy pouuoit recouurer d'excellent, c'eſtoit pour ſon Fontainebleau : où il ſe plaiſoit tant, que y voulant aller, il diſoit qu'il alloit chez ſoy : qui fut cauſe, que pluſieurs grands ſeigneurs y firent baſtir chacun en ſon particulier, tant que pour le iourdhuy y a beaucoup de beaux logis, & dignes d'eſtre remarquez. Mais depuis la mort du feu Roy François le lieu n'a pas eſté ſi habitué ne frequenté, qui ſera cauſe qu'il ira auec le temps en ruine, comme font beaucoup d'autres places que i'ay veuës, à cauſe de n'y habiter. Tout ioignant la baſſe court eſt vn Conuent de Mathurins, que le feu Roy Loys y fonda. Depuis quelque temps le principal du baſtiment a eſté par le Roy Charles neufieme clos & fermé d'vn foſſé. excepté la baſſe court à raiſon des guerres ciuiles. Ce lieu eſt prochain de quatorze lieües de Paris, de quatre lieües de Nemours, de deux lieües de Moret, à quatre lieües de Melun, à quatre lieües de Montereau & de Milly : Les prochains lieux ſeigneuriaux ſont Blandy à quatre lieües, & Valery a ſept. Ce lieu eſt accompagné d'vn fort bel eſtang, au long duquel eſt la chauſſee reueſtue de quatre rangs d'ormes, faiſant ſeparation de deux grands iardins comme le tout voyez deſſeigné par le plan.

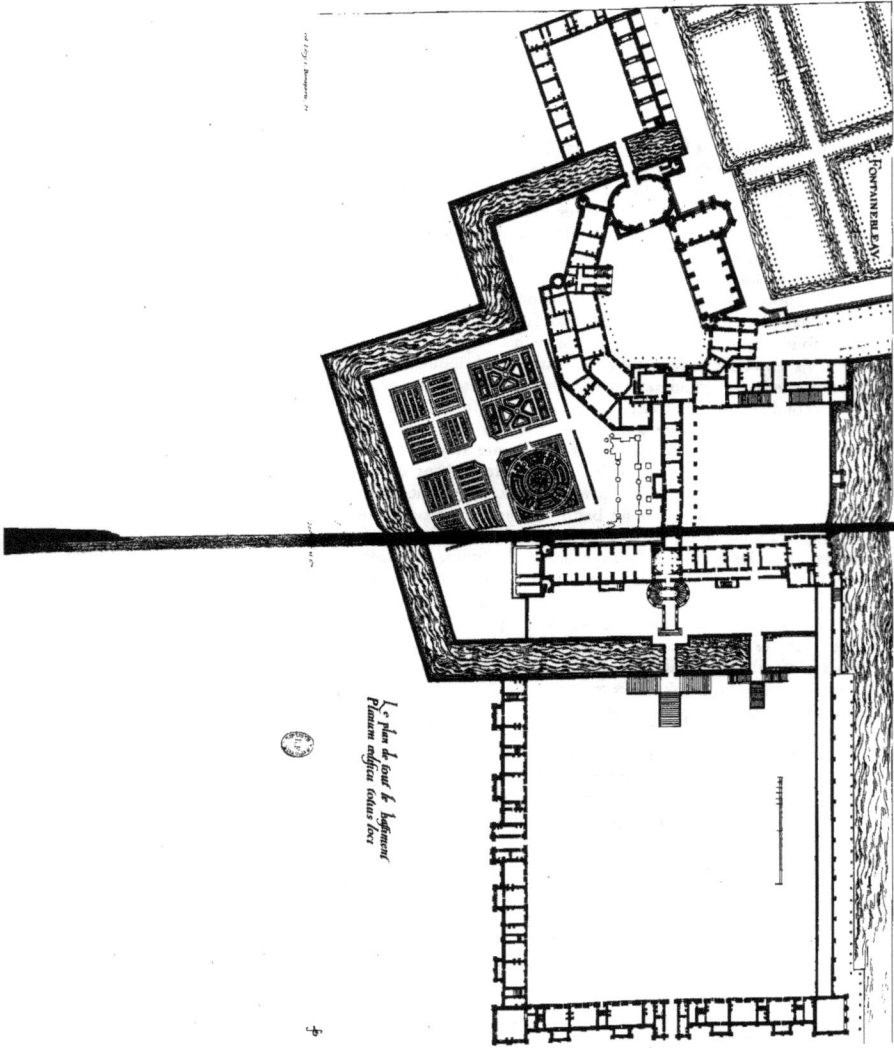

FONTAINEBLEAU

Le plan de tout le bastiment
Planum ædificii totius loci

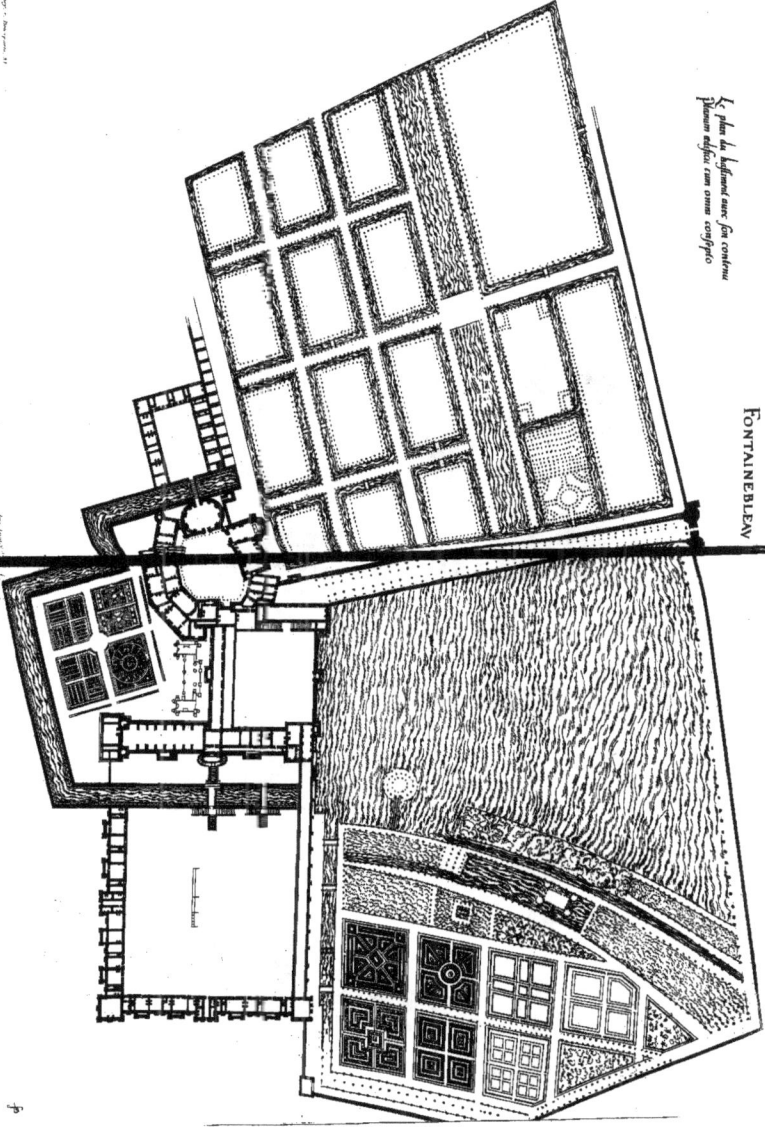

FONTAINEBLEAV

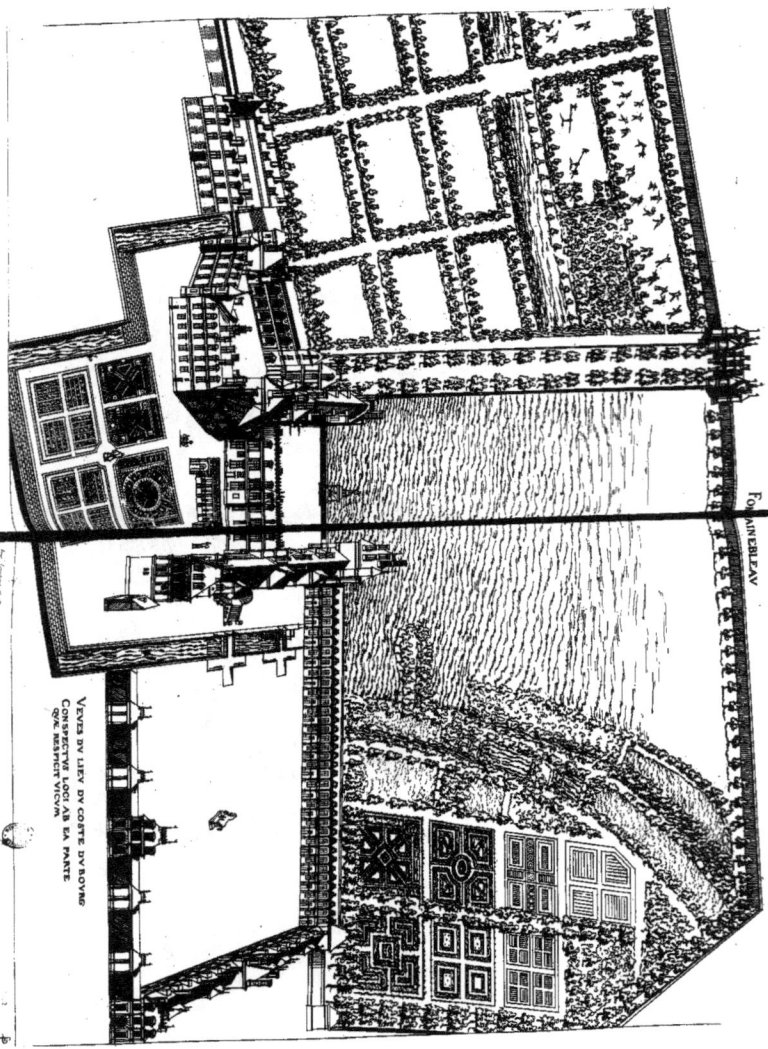

VEVES DV LIEV DV COSTE DV BOVRG
CONSPECTVS LOCI AB EA PARTE
QVÆ RESPICIT VICVM

FONTAINEBLEAV

VEVES DV LOGIS DV COSTE DE LESTANG

FONTAINEBLEAV

CONSPECTVS ÆDIFICII A LATERE STAGNI

FONTAINEBLEAU

FACE DEDANS LA BASSE
COURT
FACIES IN AREAM HAIC
REA SPECTANS

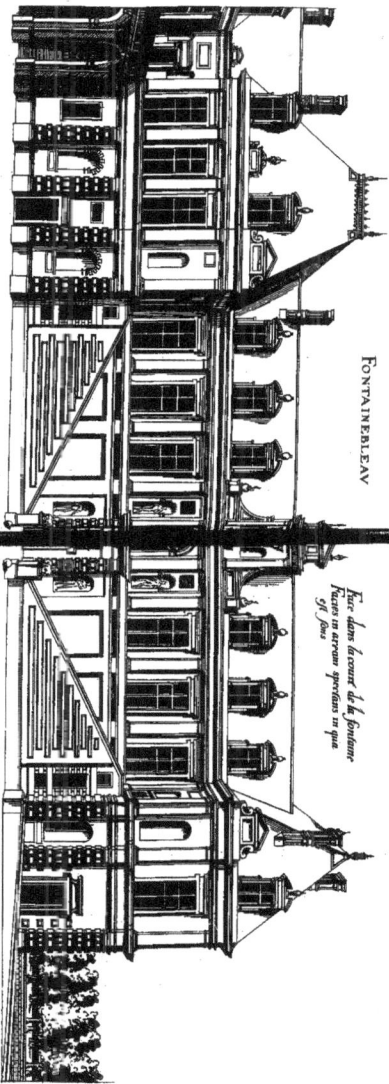

FONTAINEBLEAV

Face dans la court de la fontaine
Picures in arcum speculan in qua
96 fous

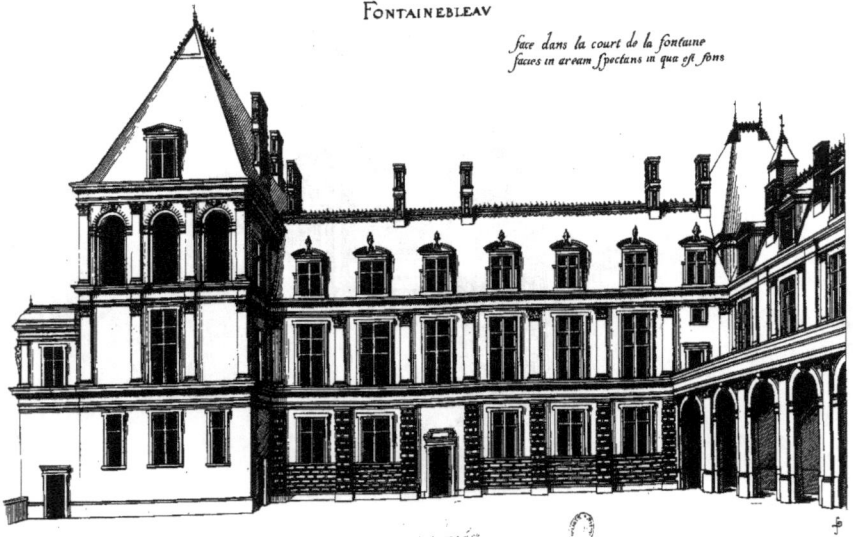

FONTAINEBLEAV

face dans la court de la fontaine
facies in aream spectans in qua est fons

VILLIERS COSTE-RESTS.

ESTE Maison est située en Picardie, sur le chemin de Paris à Soissons, distante de dixsept lieuës de Paris, & de cinq de Soissons, prochain & tout tenant de la forest de Rets. Ce lieu estoit d'ancienneté vn logis de marque, comme apparoist tant par le grand corps de logis, que par la closture du Parc. Le Roy François premier estoit merueilleusement addonné apres les bastimens, de sorte que c'estoit le plus grand de ses plaisirs, comme aussi il l'a bien monstré au nombre des maisons qu'il a faict faire, & de celles qu'il à restablies, mesmes de celle cy, dont nous traittons à present. Car luy voyant ce lieu prochain d'vne telle forest, excedant en grandeur toutes celles de France, ioint qu'il aymoit la chasse, feist reparer ledict bastiment, & l'augmenter de plusieurs corps de logis, & tel comme il apparoist de present. En premier lieu ce logis est en terre plaine, ioignant le bourg, lequel n'est pas petit, & est ledict logis entre le bourg & la forest : de sorte que le commencement du bastiment commencé au bout du bourg, & la fin du Parc va faillir prochain de la forest. Ceste maison consiste en deux courtz. Le vieil bastiment faict la separation d'icelles, la premiere court estant longue & estroicte, est fermée de corps de logis, asçauoir vn sur le deuant, deux aux deux costez de la court, vn à dextre, l'autre à senestre. Iceux corps seruent au premier estage pour offices, le second pour commoditez l'autre est le vieil, qui faict la separation des courts, comme dessus, seruant de commoditez. La seconde court estant longue & estroicte pareillement, & seruant de ieu de paulme, est fermée de quatre corps de logis. Le premier est celuy de deuant, qui est le vieil corps, dont cy deuant auons parlé. Es deux costez, dextre & senestre, auec l'autre opposite du viel corps, sont comprins les commoditez des membres, comme salles, chambres, & autres choses. Tous ces corps sont enrichis & accommodez de tours & pauillons sur le derriere, vers les iardins des deux costez hors le bastiment à dextre & à senestre, sont comprins iardins, parterres, & arbres à fruicts, partie faict par parquet & pretz auec allees couuertes de coudriers, qui donnent vn grand enrichissement & beauté au lieu. Le derriere est le Parc fermé de muraille de pierre toute de cartier. Il y a vne allée droicte commençant des bastimens iusques à la fin de la closture. Ioignant aupres la forest, sur icelle allée, & à main dextre, est vne chappelle de bonne inuention, au deuant de laquelle est vn Portique à coulonnes, auec planchier, lequel s'en va en ruyne, à faulte d'y estre pourueu. Et ce n'est pas seulement en cest endroict que la maçonnerie se ruine, mais en la premiere court és bastimens des offices : & me recorde d'vn dire qui fut tenu lors que i'y estois, que feu le Roy François deuisant quelque fois des bastimens, quand on luy disoit, Sire, tel bastiment est bien entretenu s'il ne se demolist point, il respondoit ce n'est pas des miens. Au contraire si on venoit à luy dire vn tel bastiment est en vne belle place : mais il s'en va ruinant il repliquoit incontinent, ce sont des miens. Ce qu'il disoit tres bien : car la plusgrande partie des siens s'en vont ruinant à faute d'y pouruoir, & y mettre ordre par vn bon moyen, comme d'auoir vn Couureur, lequel soit tenu d'entretenir toute la couuerture : vn Maçon pareillement, pour entretenir les reparations, avec quelques gaiges : ce qui se feroit pour peu de chose, comme mesme au Chasteau de Montargis, lequel n'est pas de petite entretenue, toutesfois pour bien peu de chose par an auons regardé à le maintenir : ce qui se pourroit faire és autres bastimens par ce moyen & d'vn bon regard. I'ay amené ce poinct à propos, afin que si les Roys & Princes s'en veullent aider, ils le pourront faire. Au demeurant, les desseins tant du contenu que des montées, vous monstreront le contenu de ce lieu.

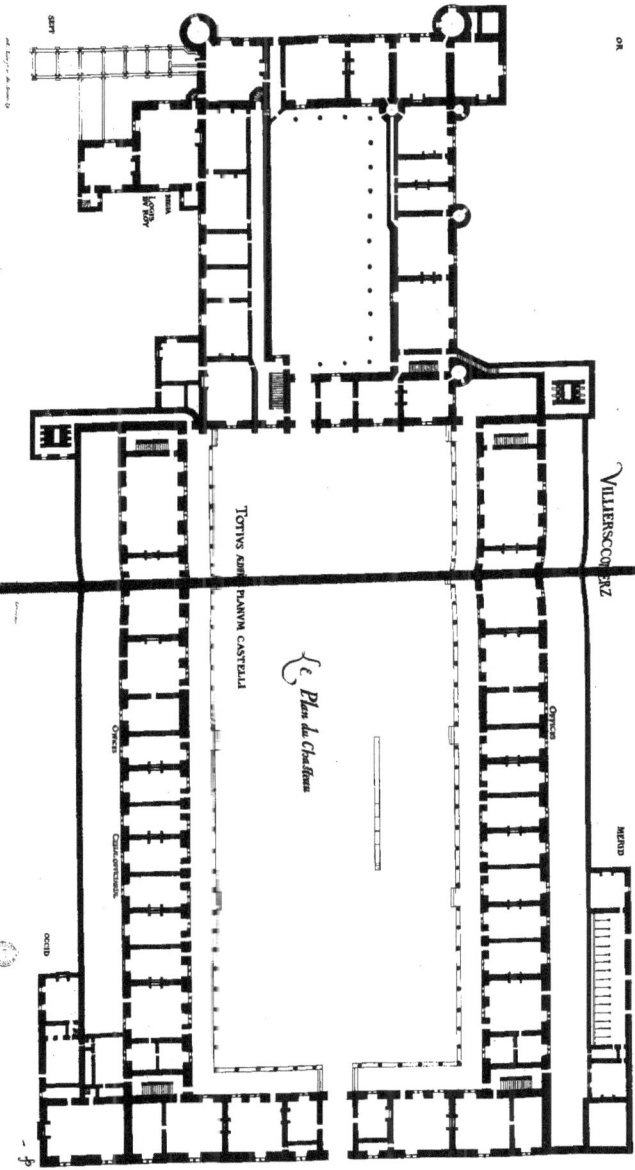

Le Plan du Chasteau

TOTIVS ÆDIS PLANVM CASTELLI

VILLIERS-COTERETZ

SEPT

MERID

OCCID

OFICES

OFICES

CHAPELLE OFFICES

VILLERS COTTERETZ

PLANVM INTEGRVM ET EXACTVM TOTIVS LOCI

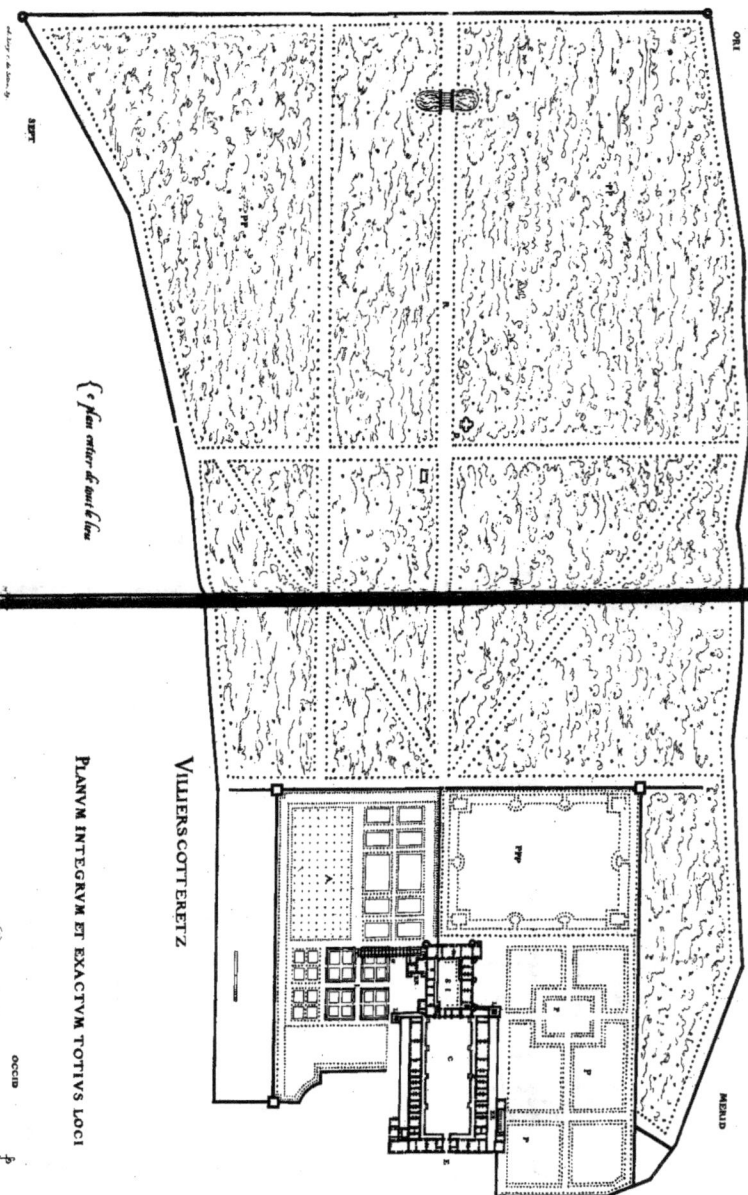

Ce plan entier de tout le lieu

ORI

MERID

SEPT

OCCID

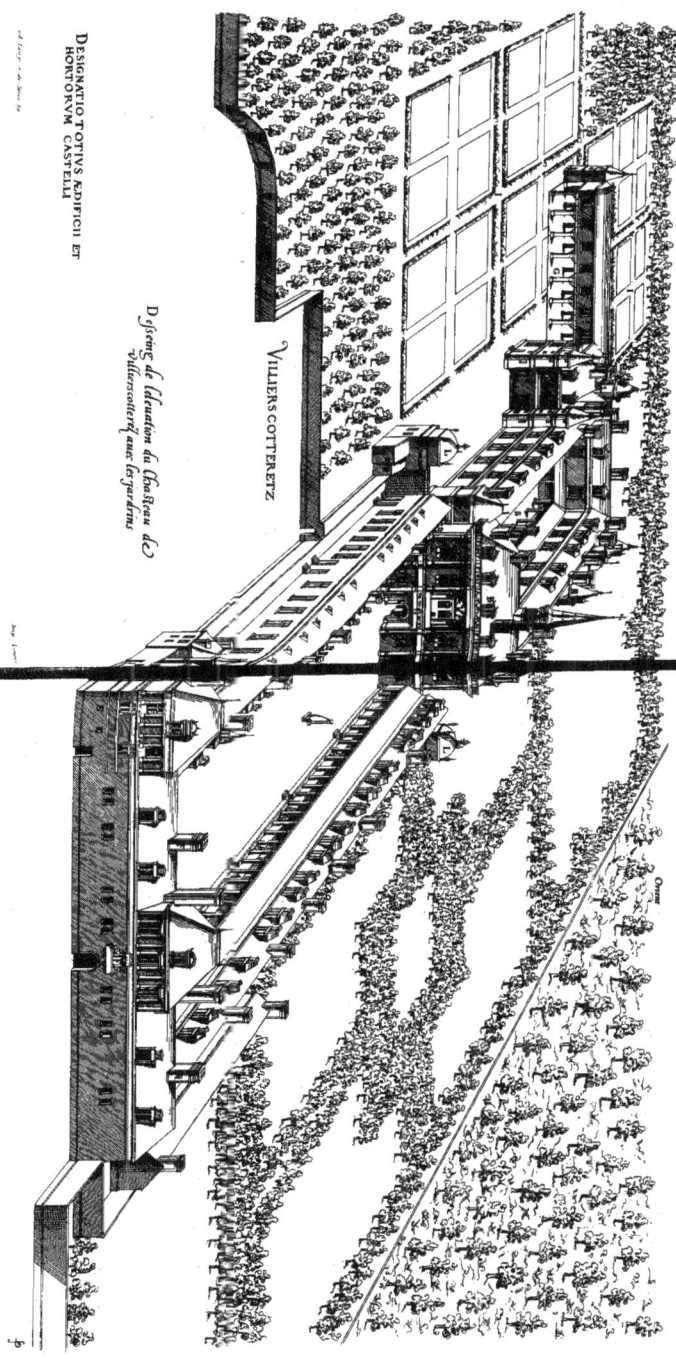

DESIGNATIO TOTIVS ÆDIFICII ET
HORTORVM CASTELLI

Dessein de l'élevation du Chasteau de
Villerscotterets auec les jardins

VILLERS COTTERETZ

CHARLEUAL.

Efte place eft affife & fituée en Normandie fur le chemin de Paris à Rouan, prochain le bourg de fleury. Le Roy Charles IX. ayant defir faire baftir quelque lieu, fut aduerty par le Sieur de Durefcu, de cefte place, qui eft en vn vallon, enclos & circuy de montaignes, au deffus defquelles eft la foreft de Lions. Et entre lefdictes montaignes y a de belles veuës : vne entre autres, laquelle eftend fon regard par vn vallon iufques à la riuiere de Seine, diftante de trois lieuës du lieu. Le Roy feift compofer vn plan digne d'vn Monarque, dont ie vous en ay figuré le deffein, & feift befongner apres, & commencer vn corps à la baffecourt, qui contenoit en longueur neuf vingts tant de toifes : & le fondement faict, efleuerent le premier eftage, y eftabliffant les offices. Là deffus le Roy mourut qui fut caufe que toute l'armée demeura. Ce nonobftant durant fon viuant il feit dreffer le iardin, duquel ie vous en ay figuré le plan. Il fut acheué d'accouftrer auant fon deces. Si ce lieu euft efté parfaict, ie croy que c'euft efté le premier des baftimens de France, pour la maffe dont il euft efté fourny. Il eft vray que le commencement de la maçonnerie eftoit de pierre de cartier & brique. Or quand il faut faire compte d'vn œuure, on eftime toufiours la maçonnerie entierement faicte de pierre de cartier, exceder tout autre, excepté fi la maçonnerie n'eftoit accompagnée de marbres. En ce lieu à efté prattiqué certains canaux circuifants le contenu, par le moyen d'vn paffage d'eaue qui s'eft prattiqué en cefte plaine. Vous voyez fur la fin du iardin vne grand'place ouale. Ledict Roy Charles auoit volonté qu'elle fe trouuaft au millieu de fon iardin, en faifant outre icelle faire vn tel & pareil iardin qu'eftoit celuy du cofté du baftiment : tellement que ledict iardin eut bien eu trois cens toifes de long fur la largeur de neuf vingts tant de toifes. Cependant qu'on trauailloit à ceft œuure, fut faict vn petit baftiment pour y loger le Roy, qui y venoit fouuent, ayant prins l'affaire en affection.

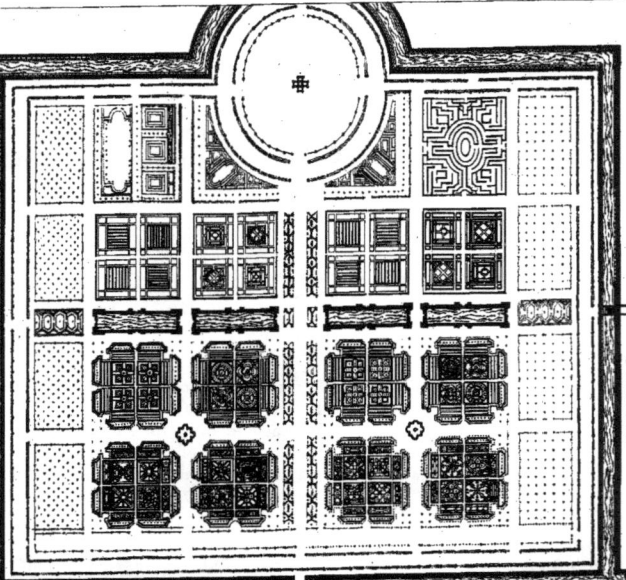
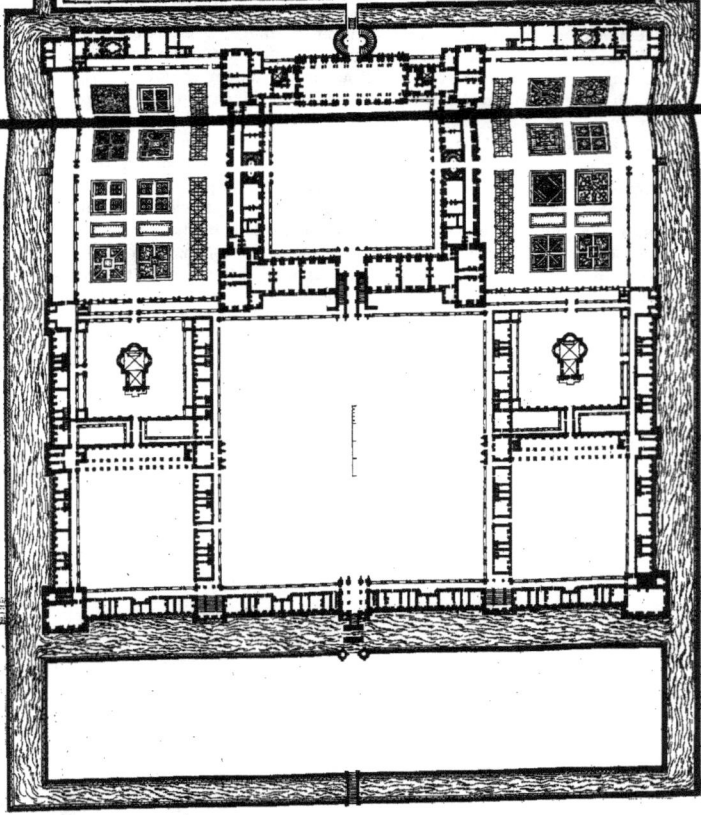

CHARLEVAL

PLAN VE NOTVS ABFELII ATQ MORTVORVM VT COSPTA
REPT OMNIA A KAROLO HVIVS NOMINIS SVNO

LE PLAN TANT DV BASTIMENT QVE DV IARDIN AVRE
QVILA ESTE COMMENCE PAR CHALES 9

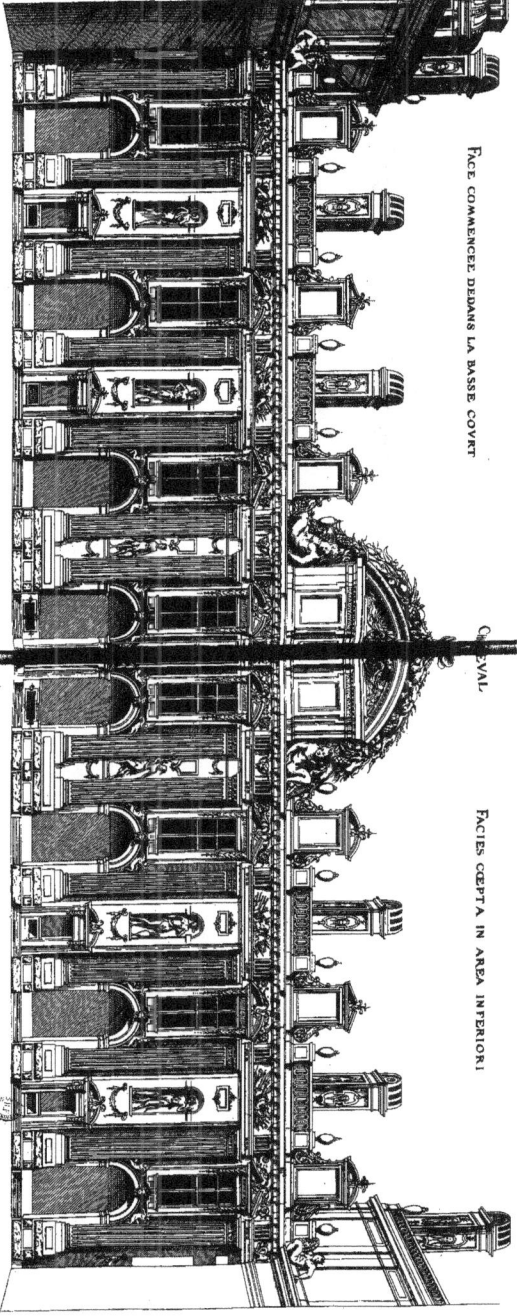

FACE COMMENCEE DEDANS LA BASSE COVRT

CHEVAL

FACIES CŒPTA IN AREA INFERIORI

DIVERSITES D'ORDONNANCES DELIBEREES FAIRE
ALA BASE COVRT PAR LE DEHORS

CHARNAL

VARIÆ DESIGNATIONES QVAS FIERI CONSTITVTVM
ERAT IN AREA INFERIORI

CHARLEVAL

Diverfes dordonnances debhernes   *Varia defignationes quae fieri*
faire a la baffe court par le dehors   *confulebant exter area exterior*

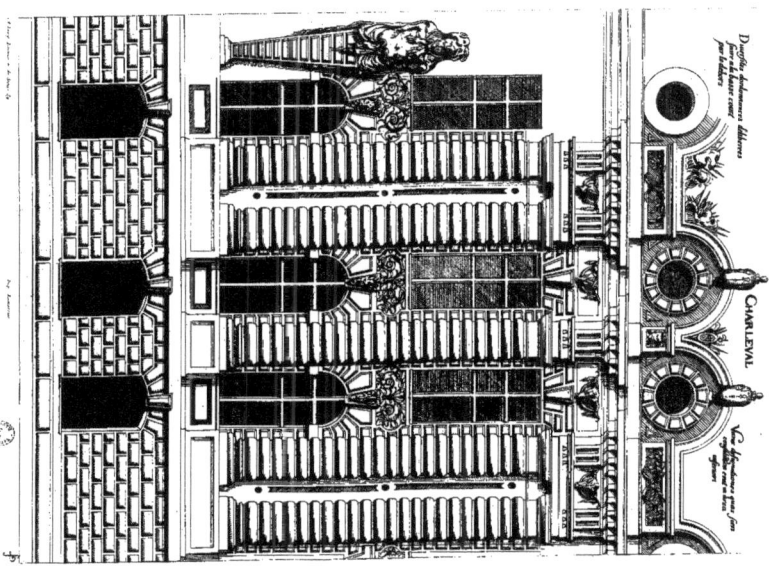

CHARLEVAL

LES THUILLERIES.

E lieu eftoit, n'a pas long temps, vne place aux faulxbourgs de S. Honoré à Paris, du cofté du Louure, & eft coftoyé de la riuiere de Seine, où il y auoit certaines maifons dediées à faire les thuilles, & pres d'iceluy y auoit quelques beaux iardins. La Royne mere du Roy ayant trouué ce lieu bien commode pour faire quelque baftiment plaifant, fift commençer à y baftir, & ordonna premierement le deffein que vous en ay figuré : auec ce fift dreffer les iardins fuyuans, & ainfi que les voyez par mes portraicts. Icelle Dame ayant bien confideré le premier deffein du plan, ne là degueres depuis changé, excepté quelques augmentations qu'elle à deliberé y faire. Ce baftiment n'eft de petite entreprinfe, ne de petite œuure : & eftant paracheué, ce fera maifon vrayment Royalle. Vne partie des fondemens font affis il y a ia affez long temps : mais il n'y a encor qu'vn corps double efleué, portant deux faces, feruant iceluy corps de membres de commoditez, & d'vne gallerie ioincts enfemble. En l'vne des faces eft la gallerie du cofté du iardin : en l'autre font les commoditez du cofté de la court. Le portail qui eft au millieu de ce corps, eft garny de coulonnes fort enrichies de certains marbres & iafpes. Tout ce qui eft bafty, eft faict de bonne matiere de pierre de taille, auec bonne ordonnance & fymmetrie, or d'autant qu'il n'y a eleuation que d'vn corps, ie ne vous en declareray point d'auantage, & auffi que les eleuations & commoditez fe pourront changer. Tant y a, que par le plan & eleuation vous pourrez cognoiftre ce qui y eft

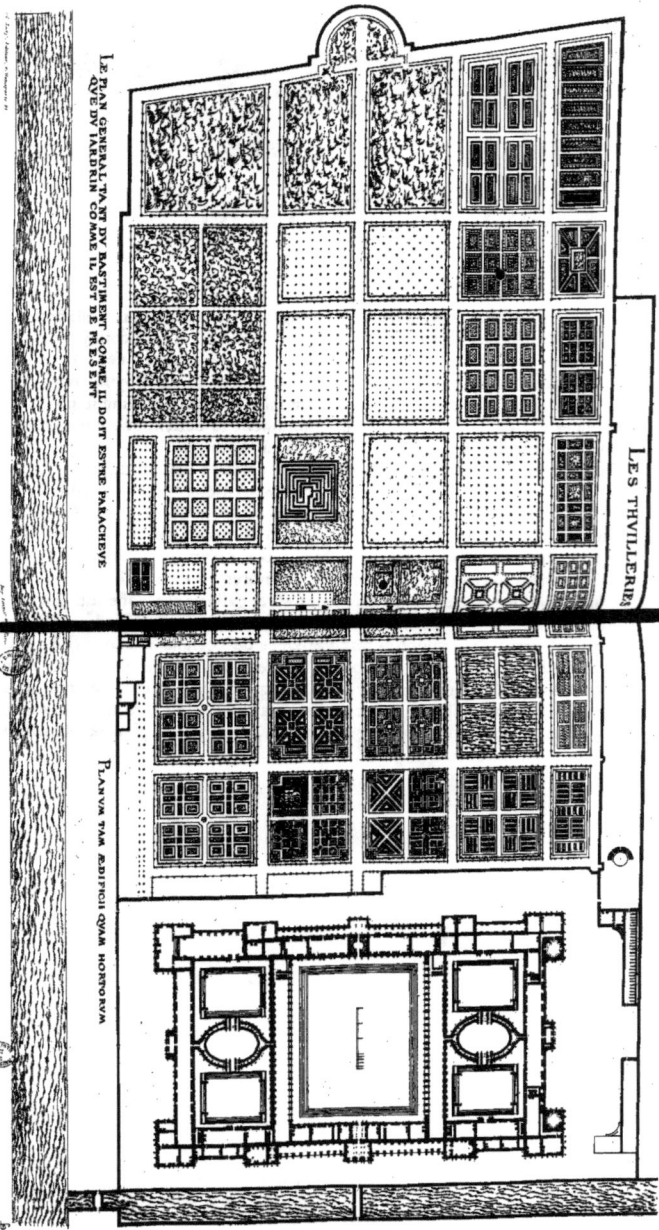

LE PLAN GENERAL TANT DV BASTIMENT COMME IL DOIT ESTRE PARACHEVE
QVE DV IARDIN COMME IL EST DE PRESENT

LES THVILLERIES

PLANVM TAM ÆDIFICII QVAM HORTORVM

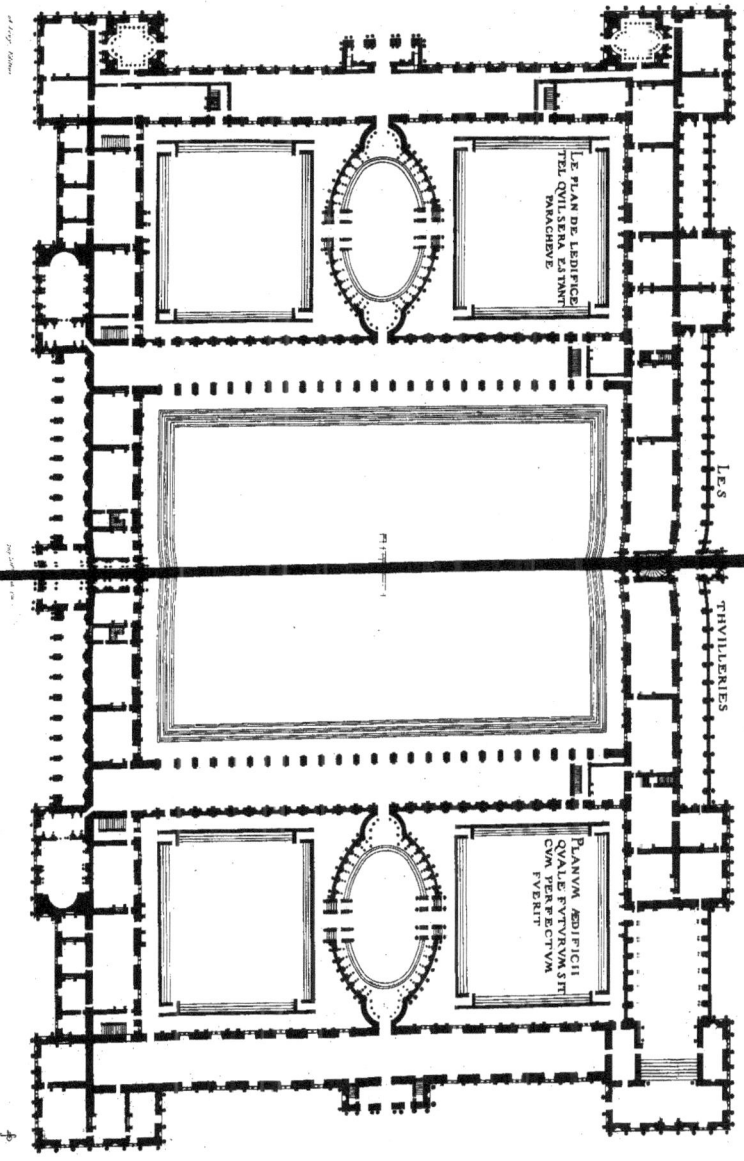

LE PLAN DE LEDIFICE TEL QVIL SERA ESTANT PARACHEVE

PLANVM ÆDIFICII QVALE FVTVRVM SIT CVM PERFECTVM FVERIT

LES THVILLERIES
Suiz. du costé des Jardins
Suiv. ad hortos Spectans

LES THVILLERIES
faciun se versus Spectans
facit dans le court

SAINCT MAUR.

E lieu eft fitué à deux lieuës de Paris, ioignant la riuiere de Marne, prochain lequel eft vn bourg, auec vne Abbaye, que feu Monfieur le Cardinal du Bellay, en eftant Abbé, redigea en Chanoinerie, & commença à y baftir, & fift faire vn corps de logis, auec la court feulement. Ce lieu appartient maintenant à la Royne mere du Roy, laquelle l'a fort augmenté, comme apparoift par les deffeins des plans & eleuations : le baftiment eftant parfaict aura vne court carrée, ayant quatre corps de logis aux quatre coftez, & aux quatre angles par le dehors quatre grands pauillons : le tout garny, tant les corps, que les pauillons, de membres neceffaires pour accommoder vn grand lieu. Par le dehors de l'edifice de chacun corps, & entre les pauillons, y à trois eftages d'arcs, & à chacun eftage y à neuf arcs feruant de decoration, & de donner iour aux galleries eftant à chacun eftage, pour aller de pauillon à autre, & auffi pour entrer d'icelles allees aux membres eftant és corps des baftimens : pareillement pour auoir par iceux arcs au trauers des allees clarté aux membres defdits corps par le moyen des croifees y comprinfes : ce qui s'appelle communément vn fecond iour. Sur le troifieme ordre d'iceux arcs, qui faict le troifieme eftage, eft vn riche entablement garny de fon ordre, fur lequel eft affis vn Frontifpice, qui eft bien vn ordre & maniere Antique, & efclatant, à nous, qui n'en auons point faict en noftre France de fi grand. Il y a feulement vn cofté ainfi parfaict par le dehors : mais la deliberation de la Royne eft de faire continuer ceft ordre. I'ay veu le modelle qui en à efté faict par fon commandement, auquel font contenus non feulement les baftimens mais auffi tout l'ordre, tant des iardins que des autres chofes, qu'elle entend & veut eftre fuiuy. Ce que i'ay deffeigné comme ie le vous prefente. Pour le regard du dedans ie vous en ay faict vn deffein d'eleuation, fuiuant & ainfi que le feu Cardinal l'auoit faict efleuer. Du depuis la Royne à efleué fur iceluy corps vn eftage, & veut que cela fe continue es autres : ce que i'ay laiffé à deffeigner, attendant la perfeaction.

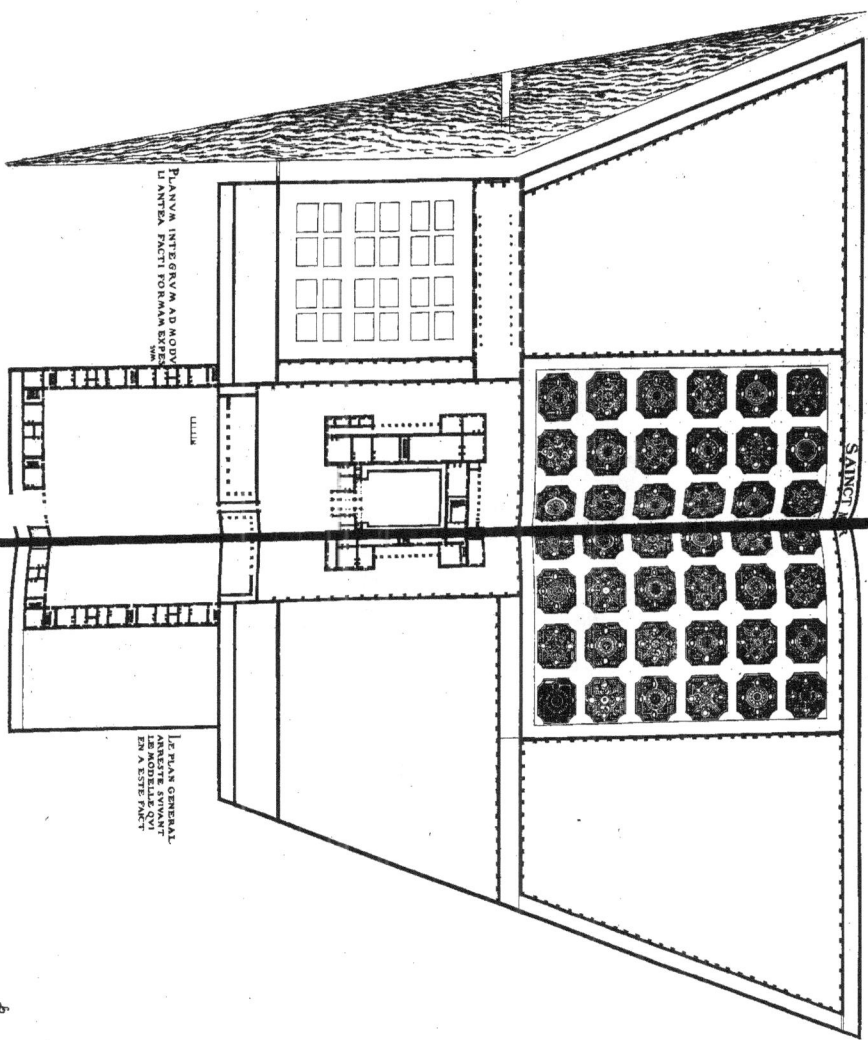

PLANVM INTEGRVM AD MODVLI
LI ANTEA FACTI FORMAM EXPE
SVM

LE PLAN GENERAL
ARRESTE SVYVANT
LE MODELLE QVI
EN A ESTE FAICT

SAINCT

SAINCT M...

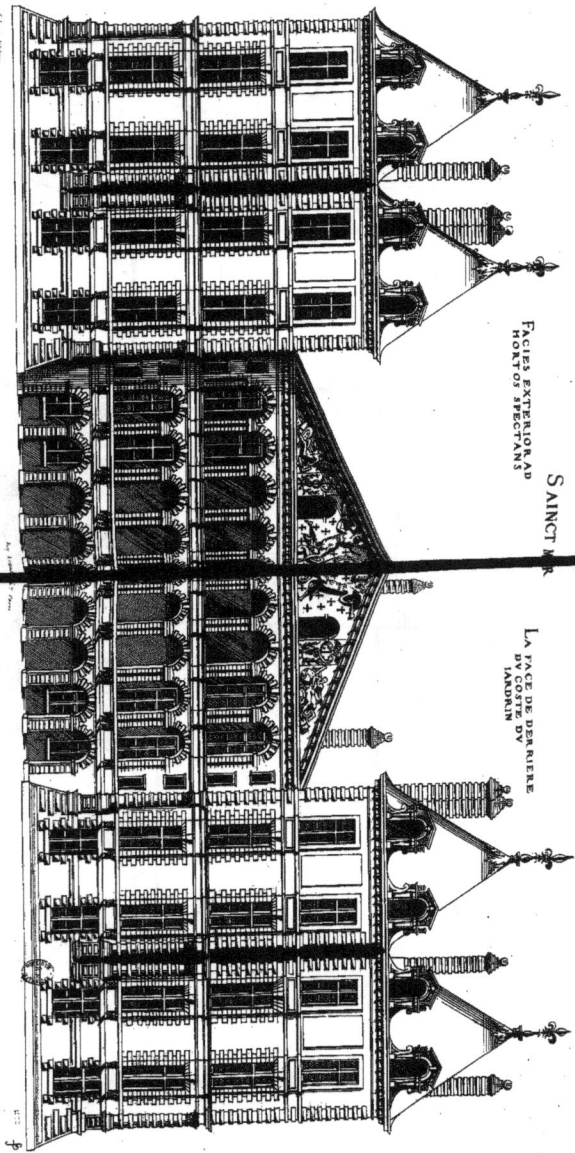

FACIES EXTERIOR AD
HORTOS SPECTANS

LA FACE DE DERRIERE
DV COSTE DV
IARDIN

SAINCT MOR

FACE DEDANS LA COVRT DV PREMIE DESSING
FACIES AREAM SPECTANS PRIORIS DESIGNATIO

CHENONCEAU.

E baftiment eft fitué au pays de Touraine, fur vn pont, qui eft fur la riuiere de Cherff mefmes fur l'vn des bouts d'iceluy : & n'eft qu'vne maffe, fans court, ccuuert toutesfois de diuerfes feparations de pauillons. La Royne mere du Roy trouuant la fituation du lieu fort à fon gré, l'acheta, & l'a depuis amplifié de certains baftimens, auec delibe- ration de le faire pourfuyure felon le deffein que ie vous en ay figuré par vn plan. Or ce lieu eft fort bien bafty : car d'vne terrace qui eft fur le deuant, on entre dans le logis à vne allée, faifant feparation du corps du baftiment en deux dont chacun cofté eft bien & fuffifamment fourny de membres neceffaires pour vn tel lieu : & d'icelle allee l'on vient au pont. Plufieurs voyans la maniere de ce baftiment, comme il à efté la deffus praticqué, s'en font efbahis, cognoif- fant le lieu donner vn tel contentement. Il eft oultre plus accommodé de iardins, auec vn Parc de belle grandeur, garny d'allees de plufieurs fortes. A main dextre de l'entree y à vne fontaine dedans vn Roc, de plufieurs gettons d'eaue, & à l'entour d'iceluy, vne cuue de quelque trois toifes de diametre, toufiours pleine d'eau. A l'entour d'icelle cuue vne allee à fleur de terre en ma- niere de terrace : Et plus hault, vne autre terrace, tout à l'entour de huict à dix pieds de hault, couuerte de treilles, fouftenue & fermee d'vn mur enrichy de Nichee, colonnes, figures, & fieges. Il y à deux Iardins en ce lieu, l'vn delà le pont, lequel eft fort grand : l'autre plus petit, eft deça la riuiere à main gauche en entrant au baftiment, au centre & milieu duquel iardin eft vn petit caillou d'vn demi pied, ou enuiron, auec vn trou de poulce & demi de dia- metre, & fermé d'vne cheuille de bois laquelle oftée il fort vn geɛt d'eaue de la haulteur de trois toifes de hault, qui eft vne belle & plaifante inuention. Ce lieu eft accompagné d'vne foreft affez grande, laquelle va dudit lieu de Chenonceau iufques aupres d'Amboife, qui eft à trois lieuès dudit Chenonceau : & ioignant vn des coftez du Parc, y à vn pré grand & beau. Vous pourrez veoir le furplus par les plans & efleuations que vous en ay, deffeigné.

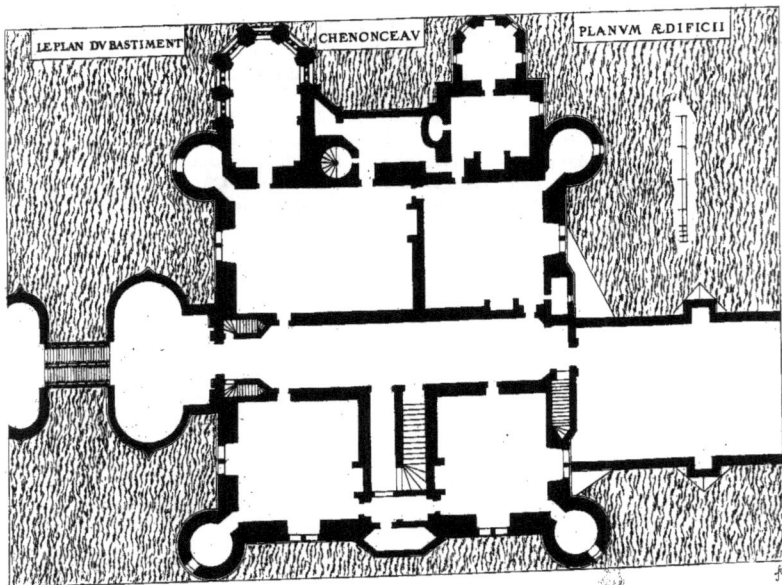

CHENONCEAV

AVGMENTATIONS DE BASTIMENS DELIBEREES
FAIRE PAR LA NOSTRE AIME DV ROY
ABBITAMENTA AEDIFICII QVE
SVBRA META AEDIFICAL
BETTERE NOTA
SITTENT

CHENONCEAV

FACES DV BASTIMENT ET PONT TANT DV COSTE
DAVAL QVE DV COSTE DAMONT LA RIVIERE.
FACIES ÆDIFICII ET PONTIS SPECTANTES TAM
INFERIOREM QVAM SVPERIOREM PARTEM FLVMINIS

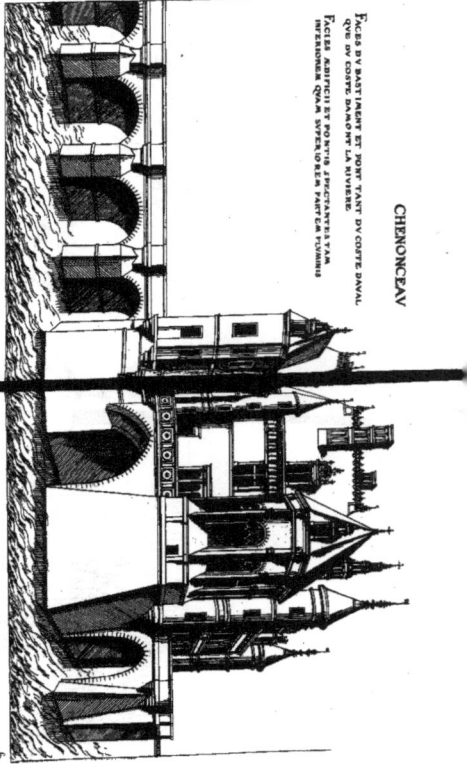

CHENONCEAV

FACES DV BASTIMENT ET PONT TANT DV COSTE DAVAL
QVE DV COSTE DAMONT LA RIVIERE.
FACIES ÆDIFICII ET PONTIS SPECTANTES TAM
INFERIOREM QVAM SVPERIOREM PARTEM FLVMINIS

CHANTILLI.

E lieu eſt ſitué aux confins de la France, à dix lieuës de Paris,
ville capitale, à vne lieuë de la ville de Senlis. Le baſtiment
conſiſte en deux places : la premiere eſt vne court, en laquelle
ſont quelques baſtimens ordonnez pour les offices : la ſeconde
eſt vn autre court eſtant comme triangulaire, & eſt eſleuee
plus haulte que la premiere, de quelque neuf ou dix pieds, & faut monter
de la premiere pour venir à la ſeconde. Entour laquelle de tous coſtez eſt le
baſtiment ſeigneurial, faiſt de bonne matiere, & bien baſty. Iceluy baſtiment
& court ſont fondez ſur vn rocher, dans lequel y à caues à deux eſtages, ſen-
tant pluſtoſt, pour l'ordonnance vn Laberinthe, qu'vne caue, tant y à d'allées
les vnes aux autres, & toutes voultées. Pour le regard de l'ordonnance du baſtiment ſeigneurial, il ne tient parfaiſtement de l'art Antique ne moderne, mais
des deux meſlez enſemble. Les faces en ſont belles & riches, comme verrez
par les deſſeins qu'en ay faiſt expreſſement. En la court premiere eſt l'entrée
du logis. Les faces des baſtimens eſtans en icelle tant dans la court que dehors,
ſuiuent l'art Antique, bien conduiſts & accouſtrez. Ces deux courts auec leurs
baſtimens ſont fermez d'vne grande eau en maniere d'eſtang dont entre icelles
y à ſeparation comme d'vn foſſé, par laquelle ſeparation laditte eauë paſſe au
trauers. Au deſſus y à vn pont pour aller & venir d'vne des courts à l'autre.
Ioignant le grand corps de logis y à vne terrace praticquee d'vn bout du Parc,
à laquelle on va de la court du logis ſeigneurial par le moyen d'vn pont eſtant
ſur l'eauë, lequel faiſt ſeparation du logis ſeigneurial & de la terrace : &
d'icelle on vient au Parc par deſſus vn arc, ſur lequel eſt praticqué vn paſſage
couuert : & entre icelle terrace & Parc eſt pareillement pratiqué par bas vn
paſſage en maniere de foſſé, qui ſert pour le preſent de chemin & voye commune, & toutesfois fermé des deux coſtez de bonnes murailles, pour ſouſtenir
les terraux tant du coſté du Parc, que de la terrace. Ce lieu eſt accompagné
d'vn grand iardin, à l'vn des coſtez duquel eſt vne gallerie à arceaux, eſleuee
vn peu plus hault que le rez du iardin. D'vn coſté d'iceluy iardin eſt la baſſe
court, en laquelle ſont pluſieurs baſtimens ordonnez pour eſcuries. Outre le
grand iardin, & prochain iceluy, en y à vn autre, non pas de telle grandeur.
Iceux iardins ſont enuironnez de places, eſquelles aucunes ſont bois, prez, taillis,
cerizaies, forts d'arbres, & autres commoditez. Aucunes d'icelles places ſont
fermees par canaux, les autres non : & en ces places eſt la haironniere. Le
Parc eſt fort grand, à l'entree duquel, à ſçauoir du coſté du chaſteau, eſt vne
eauë, qui donne vn grand plaiſir. Ce lieu eſt fermé du coſté de Paris, de la
foreſt de Senlis, dans laquelle y à vne voute pour aller du lieu au grand chemin
de Paris. En ſomme, ce lieu eſt tenu pour vne des plus belles places de France.

LE PLAN DE TOVT LE CONTENV

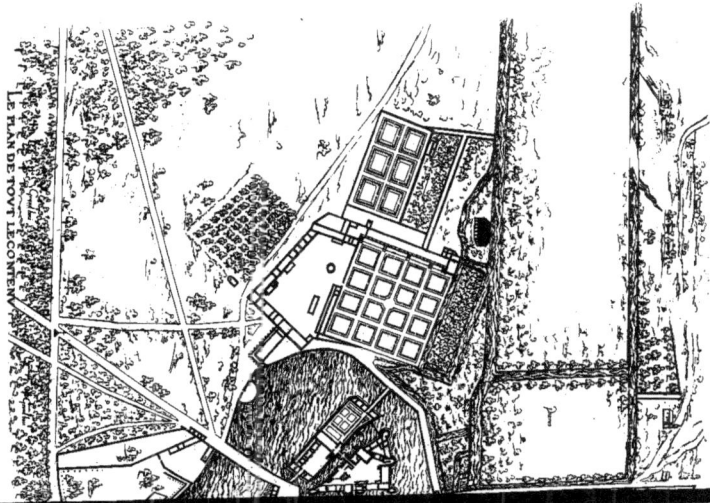

PLANVM TOTIVS LOCI

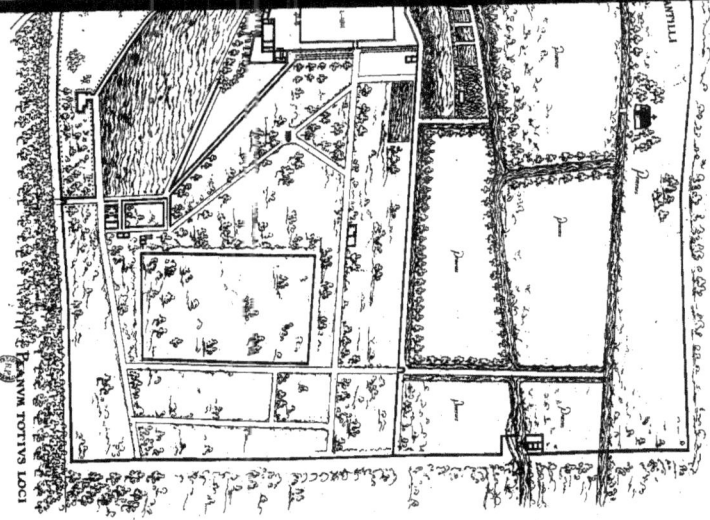

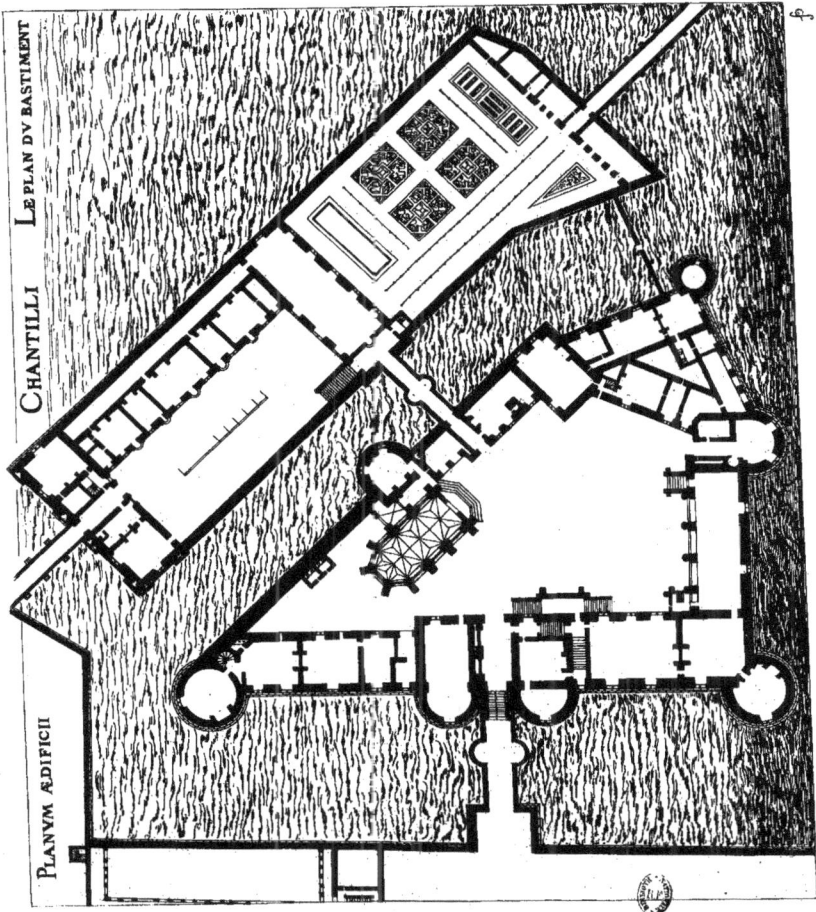

PLANVM ÆDIFICII

CHANTILLY

L ELEVATION DV BASTIMENT
ELEVATIO ÆDIFICII

CHANTILLY

FACE DE L'ENTRÉE
FACIES INGRESSUS

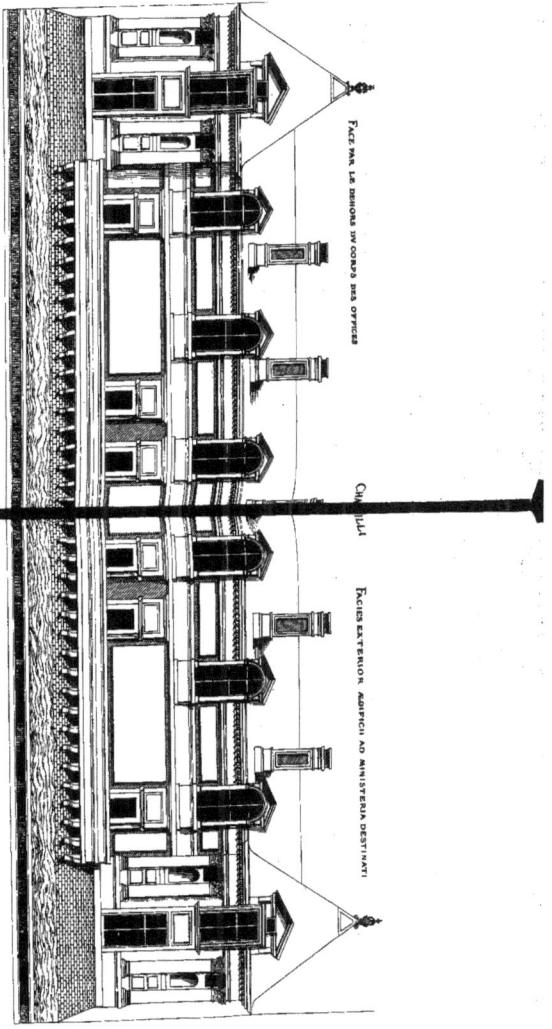

FACE PAR LE DEHORS DU CORPS DES OFFICES

FACE ALA PREMIERE COURT OV SONT LES OFFICES

CHAILLY

FACIES IN ANTERIOREM AREAM SPECTANS IN QVA SONT
MINISTERIORVM COENACVLA

CHAILLY

FACIES EXTERIOR AEDIFICII AD MINISTERIA DESTINATI

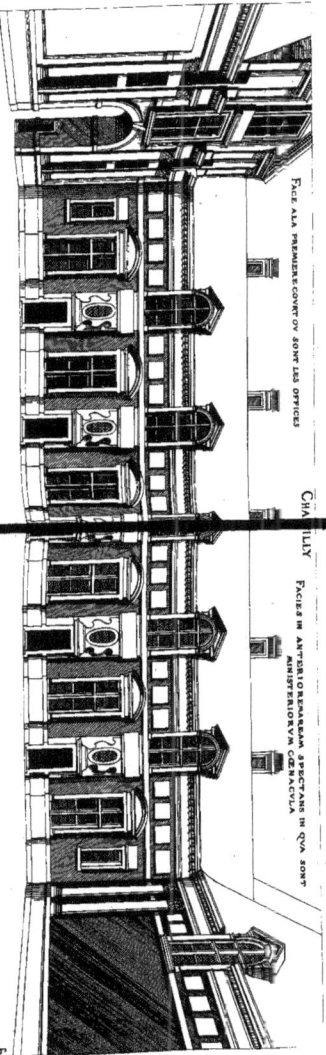

CHANTILLY

FACIES EXTERIOR ÆDIFICII INTER AREAM ANTERIOREM ET HORTVLVM CONSTITVTI

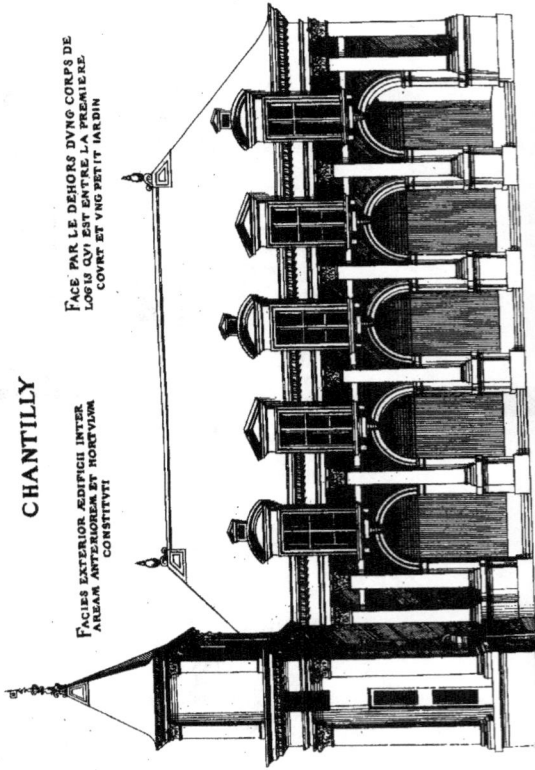

FACE PAR LE DEHORS DVNG CORPS DE LOGIS QVI EST ENTRE LA PREMIERE COVRT ET VNG PETIT IARDIN

CHANTILLY

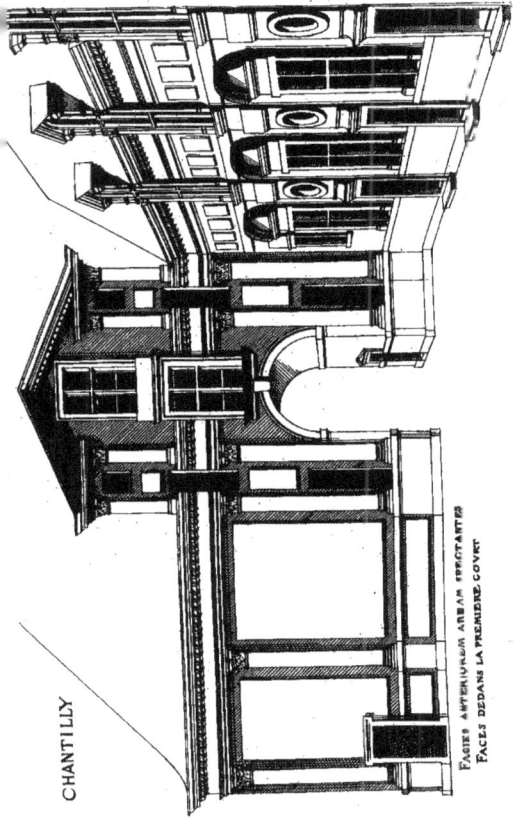

FACIES ANTERIOREM ARREAM SPECTANTES
FACES DEDANS LA PREMIERE COURT

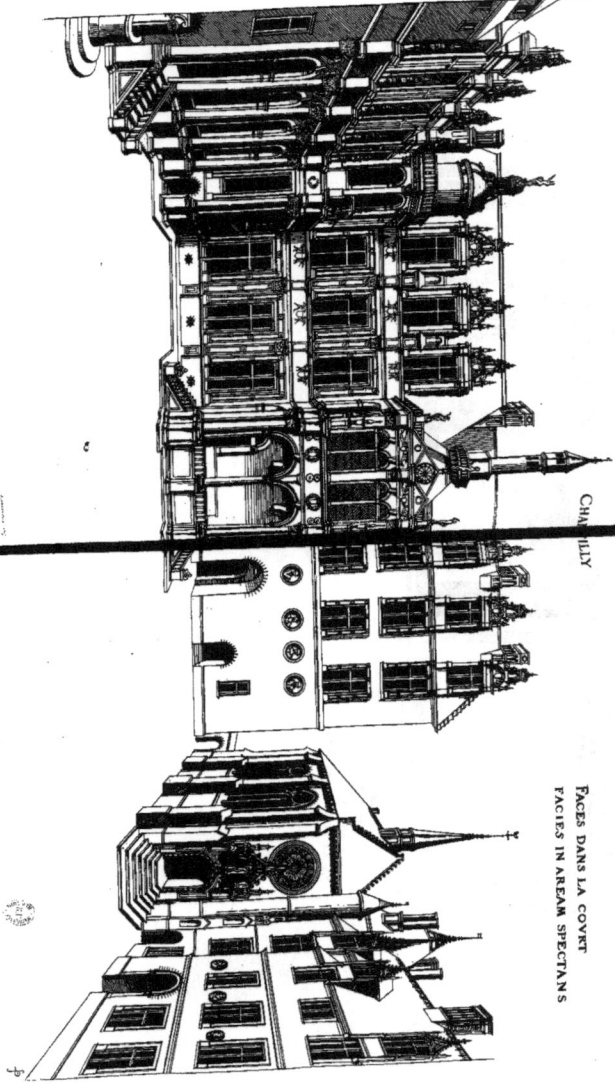

CHANTILLY

FACES DANS LA COVRT
FACIES IN AREAM SPECTANS

ANET.

E lieu eſt aſſez recognu pour vne des belles places de France. Il eſt au païs du Perche en Normandie, comme au milieu de quatre villes, à ſçauoir Dreux, Eureux, Montfort, & Meulan. Ioignant & prochain ce lieu eſt vne petite riuière, diɛte Dure. Le baſtiment eſt aſſis en vne plaine, & eſt accommodé de tout ce que beſoin eſt pour rendre vn lieu parfaiɛt, tant d'vn Parc, bois, Canaux, que de tout ce qui eſt neceſſaire. Feu Madame la Ducheſſe de Valentinois l'a fort enrichy de baſtimens & d'autres beautez, comme verrez par les plan & eleuations. La principalle court eſt fermee de corps de logis en tous coſtez : dont à main dextre de l'entree eſt vne chapelle ronde auec ſon Dome deſſus, bien accouſtree & digne d'eſtre veuë, pour la bonne ordonnance dont elle eſt faitte. Aux coſtez de la court principalle, & outre les corps de logis à dextre & à ſeneſtre par le dehors, ſont deux courts, vne de chacun coſté, fermees partie de baſtimens, partie de murailles. A la court ſeneſtre y à vne fontaine de belle ordonnance, de laquelle ie vous ay voulu faire deſſein. Derriere le logis ſeigneurial y à vne terrace à la haulteur du rez de terre de la court principale de laquelle terrace l'on contemple le Iardin, qui donne beauté d'eſtre veu ſur icelle. D'icelle terrace l'on deſcend au iardin, & au deſſoubs d'icelle y à vne gallerie voultee. Le iardin eſt de bonne grandeur, & richement accouſtré de galleries à l'enuiron, dont les trois coſtez ſont tant en arcs qu'en ouuertures carrées, le tout ruſticque, qui donne au iardin vn merueilleux eſclat à la veuë. Le iardin eſt garny de deux fontaines bien prinſes, & aſſiſes, à cause qu'il eſt plus large que profond. Derriere iceluy ſont deux grandes places ſeruantes comme de Parc, ſeparez d'enſemble toutesfois, le tout clos. Icelles places ſont remplies comme par parquets, les vnes de prez, les autres de taillis, autres de bois, de garennes, d'arbres fruitiers, viuiers : & iceux parquets ſont ſeparez par allees, & entre chacune allee & parquet en vne partie ſont Canaux. La haironniere eſt compriſe en ces places. Auſſi l'Orengerie, en laquelle eſt vn baſtiment bien plaiſant, les vollieres à oyſeaux auſſi vn baſtiment ioignant le iardin, auquel eſt praticqué vne ſalle fermee d'vne caue, en ordre d'vne demie circonference. En ſomme, tout ce qu'on deſireroit pour rendre vn lieu parfaiɛt, eſt là ſur le derriere : & hors d'icelle place eſt vn Hoſtel Dieu, auec vn logis bien baſty : & prochain iceluy paſſe laditte riuiere de Dure. Ioignant le baſtiment ſur le deuant y à vne aſſez belle grande place, de laquelle l'on va au bourg. Depuis quelque temps à eſté faiɛt à main ſeneſtre, hors la cloſture des baſtimens & iardins : vne chapelle. Moy y eſtant, me fut diɛt qu'elle auoit eſté faiɛte pour mettre la ſepulture de feu Madame la Ducheſſe : dont ayant recouuert l'ordonnance d'icelle ſepulture, ie la vous ay voulu mettre en deſſein.

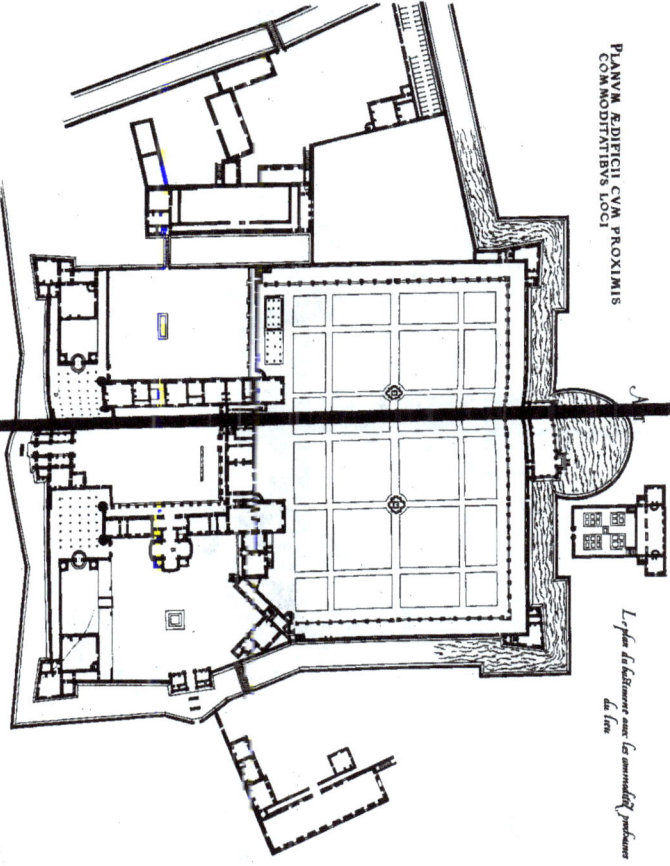

PLANVM ÆDIFICII CVM PROXIMIS
COMMODITATIBVS LOCI

Le plan du bâtiment avec les commoditez prochaines
du lieu

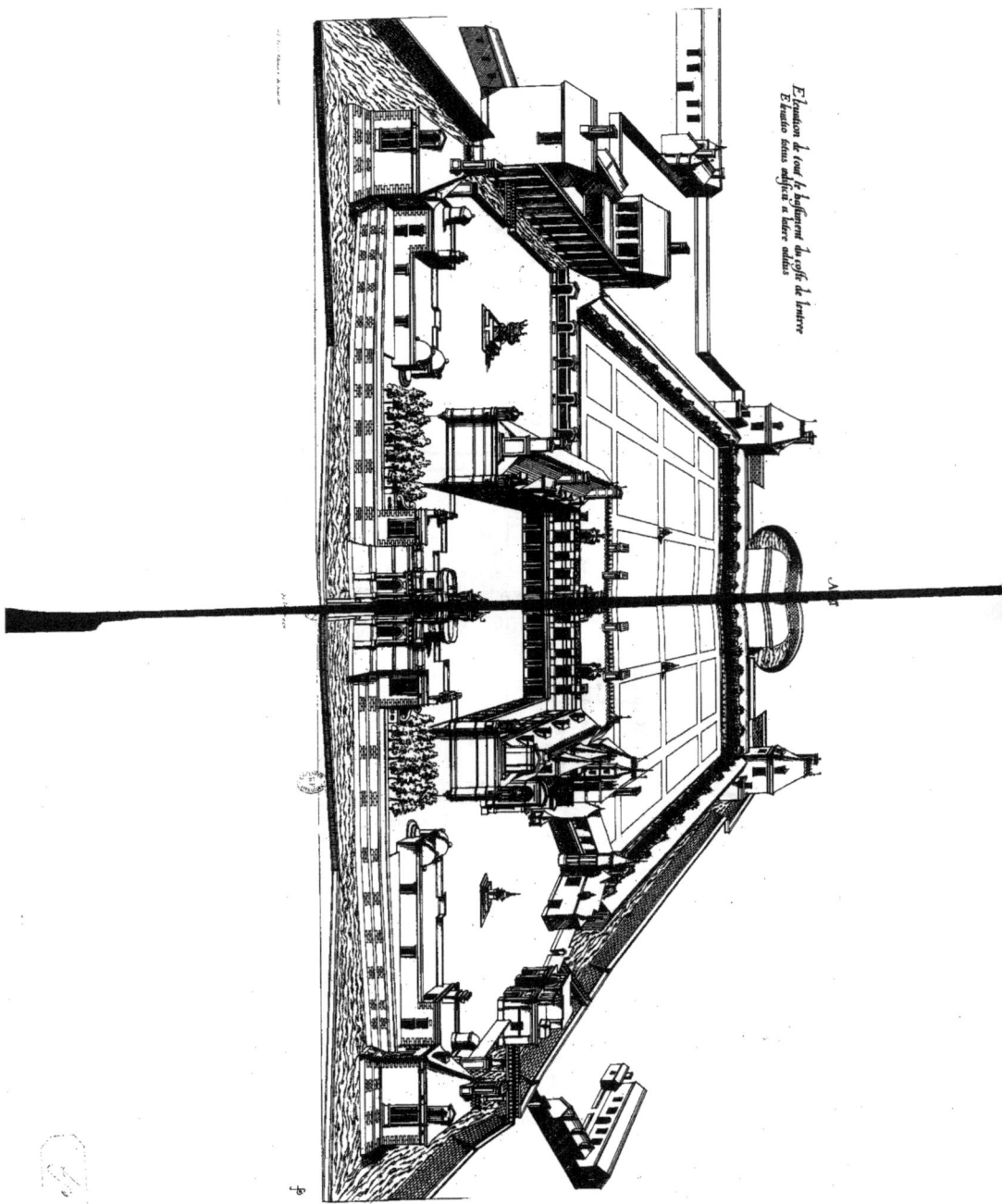

ENTREE DV DEHORS A LA BASSECOVRT

INGRESSVS AEDIFICII IN AREAM IMPLVVIEM

ANET

faces dedans la court
facies in aream spectantes

ANET

PLANVM SACELLI INTRA
ÆDIFICII PROXIMVM
CONSTITVI DANET

LE PLAN DE LA
CHAPPELLE DEDANS
LE LOGIS DANET

LA FONTAINE OV ES LA FIGVRE DE LA
DIANE
FONS SVPERQVO EST SIMVLACRVM
DIANÆ

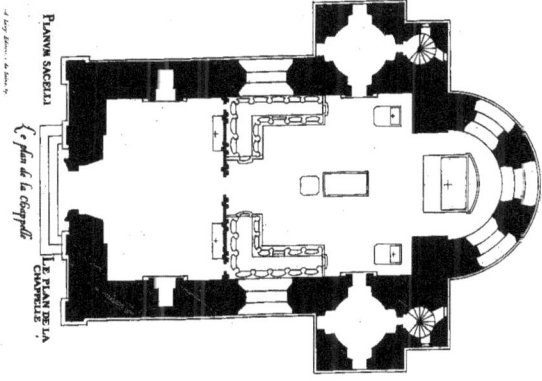

PLANVM SACELLI

LE PLAN DE LA CHAPELLE

le plan de la Chapelle

DANEI

SACELLI ANTERIOR FACIES

la face du devant de la Chapelle

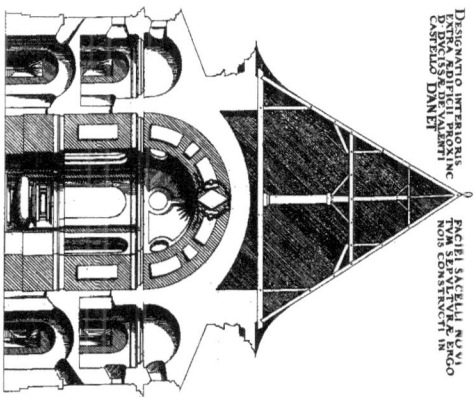

DESIGNATIO INTERIORIS
EXTRA ÆDIFICII PROXIMÈ
DUCISSÆ DE VALENTI
CAPELLO DANEI

FACIEI SACELLI NOVI
TVM SEPVLTVRÆ ERGO
NOIS CONSTRVCTI IN

Dessing du dedans de la Chapelle nouͤlle faire le long ou se sont mettre
(a sepulture) ſon madame la ducheſſe de Valentinois

ESCOUAN.

E lieu eſt aſſis en France, à cinq lieuës de Paris, à trois lieuës de ſainct Denys, & entre ſainct Denys, & Luſarche, qui eſt à ſept lieuës de Paris : & tous ces lieux ſont vne ligne droicte partant du centre de Paris. La maiſon eſt baſtie ſus vne tertre, ayant ſa veuë & beau regard ſur le val tirant audit Luſarche. De l'autre coſté vers Paris eſt vne montaigne couuerte de haulte fuſtaye, qui empeſche en partie la beauté du val deuers Paris. Ce baſtiment conſiſte en quatre grands corps de logis, la court au milieu, ayant foſſez ſur trois coſtez, vne terrace ſur l'autre, laquelle deſcouure vers le bourg. Au pied d'icelle eſt vn ieu de paulme, auec deux petis corps de logis au deux bouts d'iceluy. Au pied du baſtiment, & de la terrace d'vn coſté, eſt vn iardin, lequel au temps que ie fus veoir le lieu pour en prendre les deſſeins, n'eſtoit encor parachevé. Entre le baſtiment par le dehors, & le foſſé, y à les trois terraces de trois à quatre toiſes de large, qui circuiſſent le baſtiment. Icelles terraces ſe viennent rendre à la grande cy deſſus ditte, leſquelles ſont pauees bien richement, ayant perapel de trois pieds de hault regnant entour icelles, & le foſſé, ce Perapel ſeruant d'appuy, quand on regarde des terraces dans le foſſé. La court eſt ſi richement pauee, qu'il ne s'en trouue point qui la ſeconde. Des quatre corps de logis circuiſlans la court, les trois ſeruent à commoditez de ſalles, chambres, & autres membres, le quatrieme corps eſtant vne gallerie. Les faces tant de la court que du dehors, ſont richement faictes, comme apparoiſt par les eleuations que vous en ay deſſeignees. A l'vne des faces d'vn des corps dans la court y à deux niches, leſquelles ſont deux figures de captifs de marbre blanc, vn peu plus grand que le naturel, de la main de feu Michel Ange, eſtimees des meilleures beſongnes de France pour le regard de l'œuure, & non ſans cauſe. Feu Monſieur le Conneſtable feit baſtir ce lieu : maintenant madame, veuſue de luy, y faict ſa demeure.

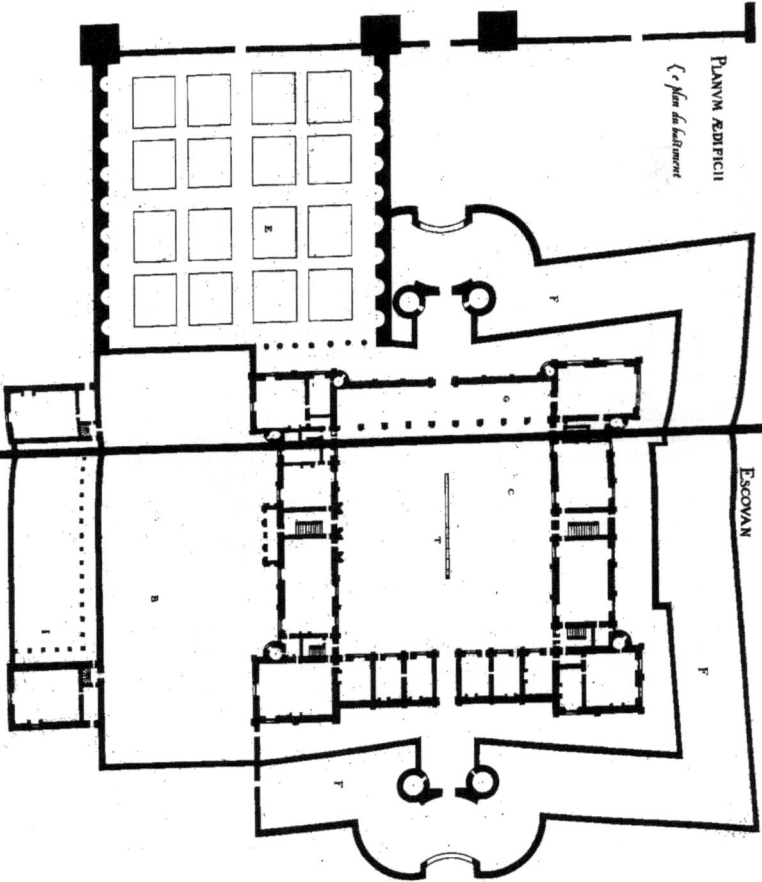

PLANVM ÆDIFICII

Ce plan du bastiment

ESCOVAN

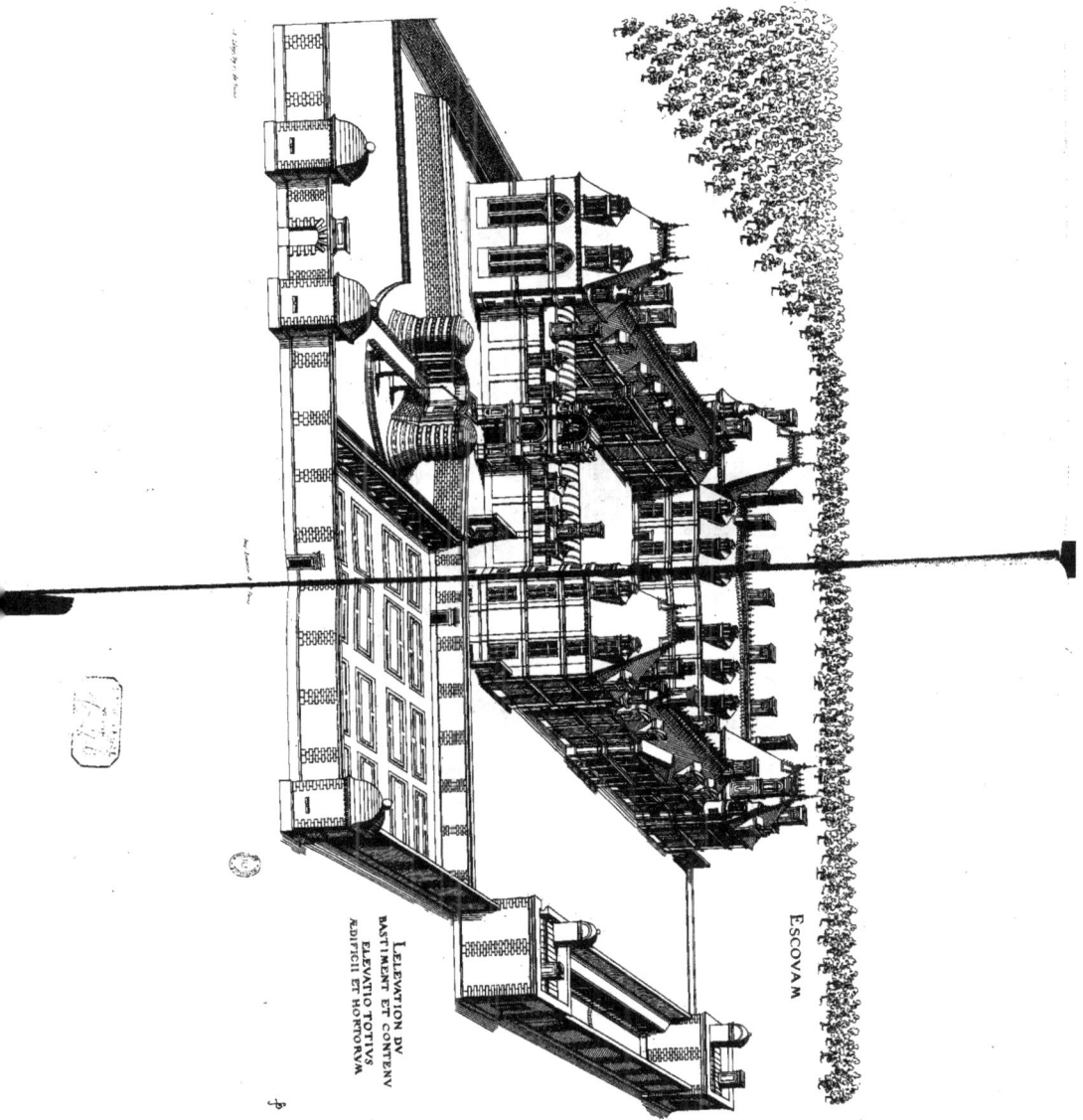

ESCOVAM

L'ELEVATION DV
BASTIMENT ET CONTENV
ELEVATIO TOTIVS
AEDIFICII ET HORTORVM

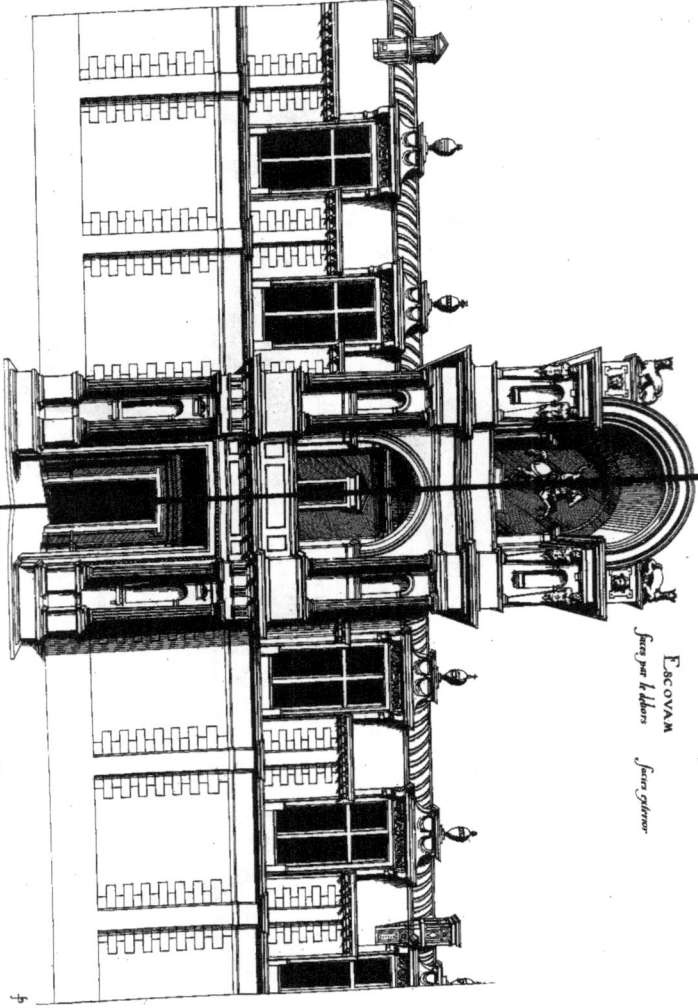

ESCOVAM

Faces par le dehors   Faces externas

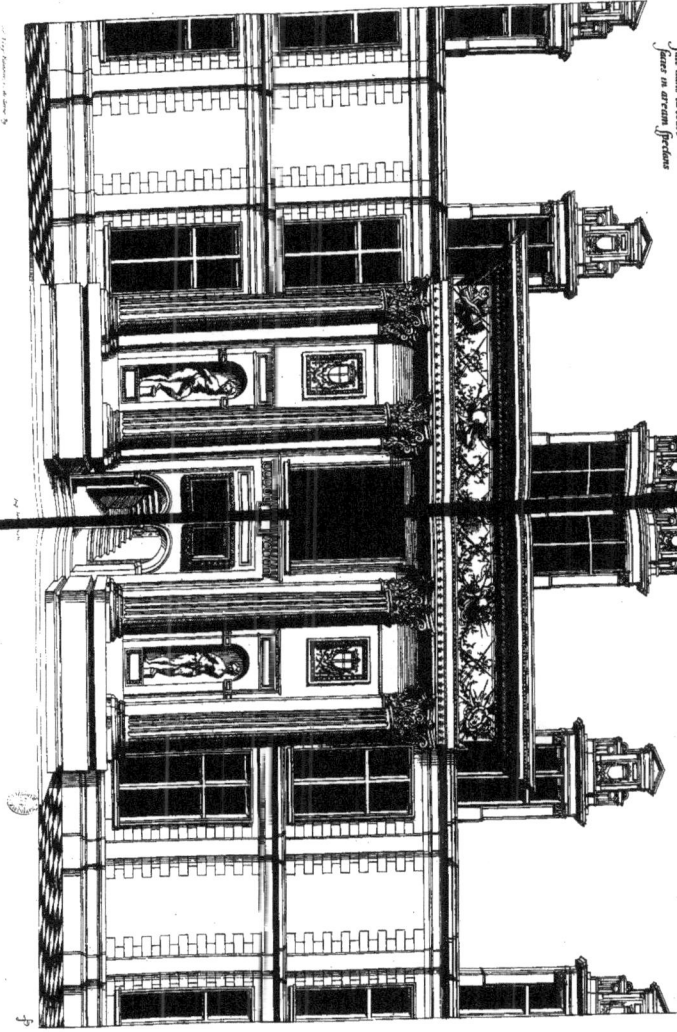

face dans la court
facies in aream spectans

E.SCOVAM

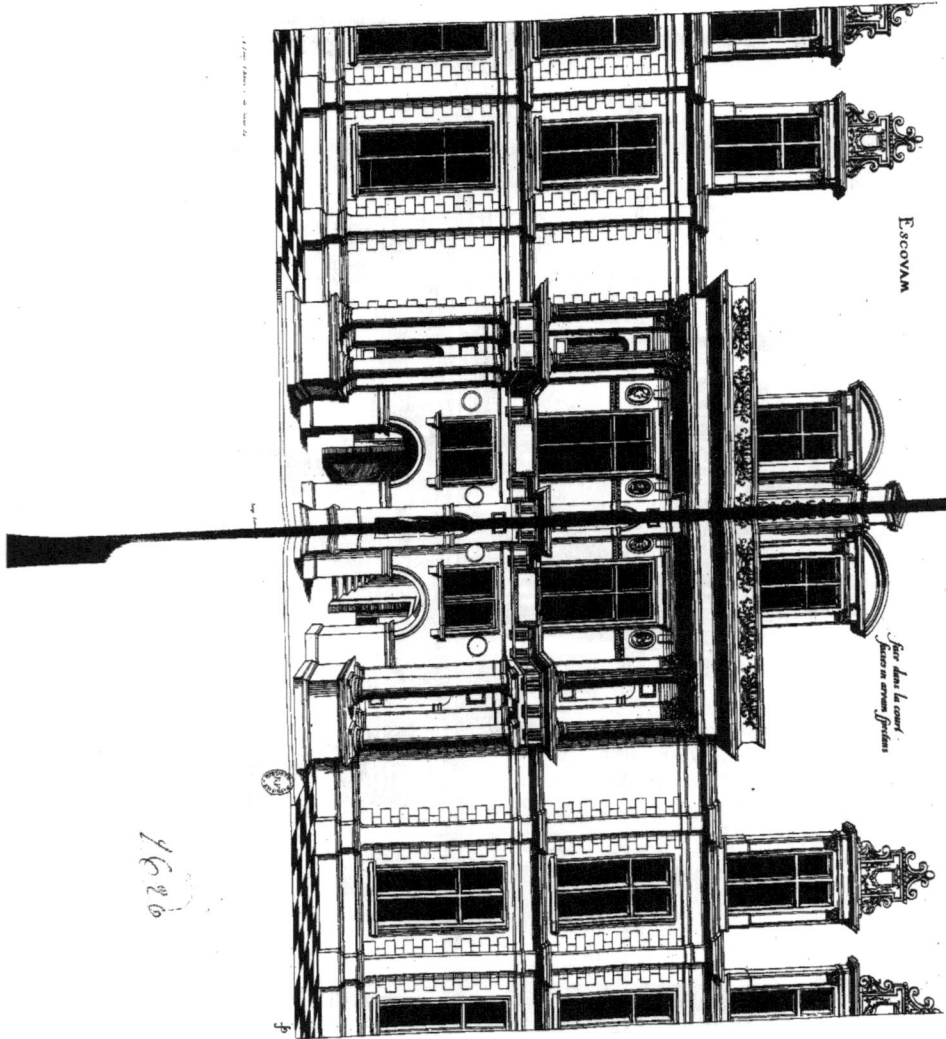

E SCOVAM

sur dans la cours
faciem arvum fructus

DAMPIERRE.

E baſtiment eſt aſſis en vn vallon, circuy de montaignes & boys taillis : & eſt le païs d'enuiron fort couuert. Ses prochaines villes ſont Cheureuſe à vne lieue vers ſoleil leuant, Montfort Lamaury à trois lieuës, Dourdan à quatre lieues au ſoleil de midy, Poiſſi à ſix lieues, Villepreu à trois lieues vers le Septentrion. La prochaine riuiere eſt Seine à cinq lieues loing. En ce lieu n'y à point de vignes, ſinon terres labourables paſſablement, toutesfois vne partie inutiles, & faulte d'eualuer. Ce lieu fut premierement baſty par vn threſorier, & depuis à appartenu à feu Monſieur le Cardinal de Lorraine, lequel l'a amplifié de quelques commoditez. A veoir ce lieu de loing, il n'eſt pas de grand monſtre, encor qu'il ſoit aſſez bien accommodé de ce qu'eſt beſoin à vn bon lieu. Il n'eſt couuert que de tuille : tant y à qu'il eſt garny de foſſez à l'enuiron, & y à vn fort beau iardin, vne grande baſſecourt enrichie de ſes baſtimens neceſſaires. Deuant le logis y à vn grand eſtang, dont la chauſſee d'iceluy faict le chemin large & beau entre ledict eſtang & le logis. La court dans le logis principal eſt petite : toutesfois auant qu'entrer audict logis, on trouue vne auantcourt, qui donne quelque contentement. Le baſtiment eſt aſſez bien accommodé de ſes membres : mais entre autres y à des eſtuues & baignoires prattiquées, tant à vne des tours du coing, qu'à vne petite place prochaine, fort bien accouſtrez : principalement l'eſtuue eſt de trois niches auec quelques coulonnes, la voulte deſſus. D'autant que ie l'ay trouuée de bonne grace, ie la vous ay deſſeignée. Deſſoubs le logis ſont les offices bien baſties. En ce lieu y à quelques iardins à fruicts, auec vn Parc, qui n'eſt pas de grande eſtendue, comme vous pouuez veoir par la meſure du plan. Ledict ſieur Cardinal à faict peindre dans la ſalle, & à quelques membres, des hiſtoires, par maiſtres excellens. Le reſte cognoiſtrez aſſez du lieu par les plans & eleuations.

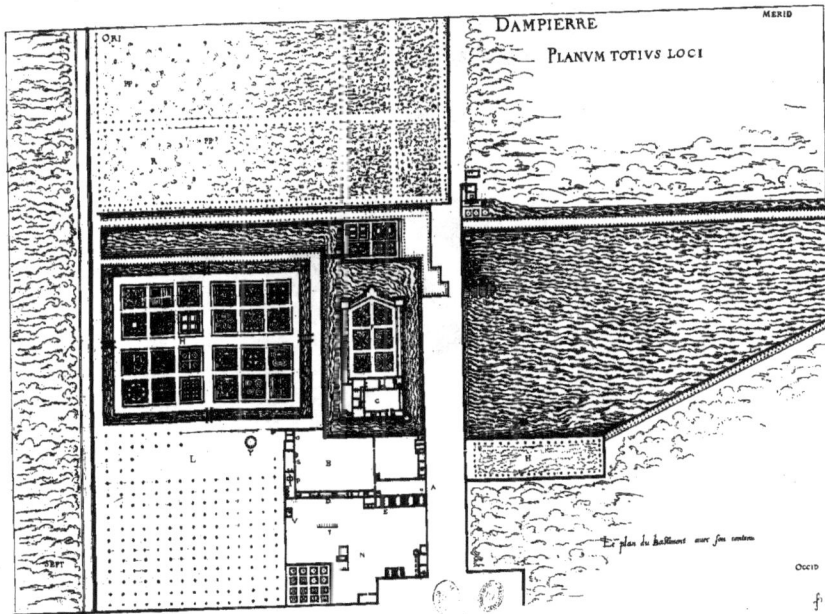

DAMPIERRE
PLANVM TOTIVS LOCI

LA FACE DE L'ENTREE
FACIES INGRESSVS

DAMPIERRE

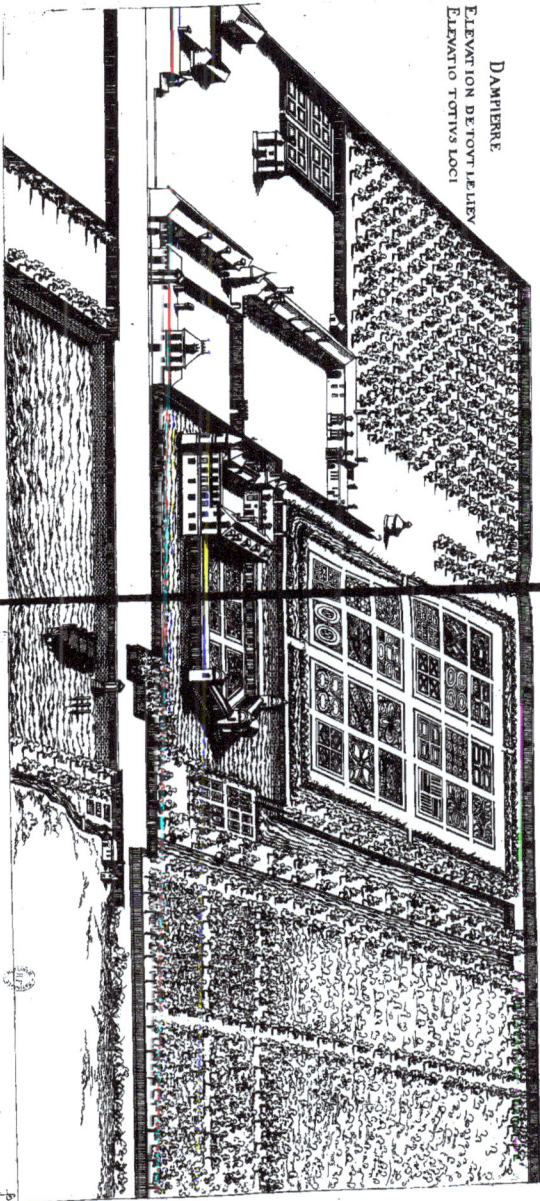

DAMPIERRE

ELEVATION DE TOVT LE LIEV
ELEVATIO TOTIVS LOCI

DAMPIERRE

THERMÆ   Eʃtuues

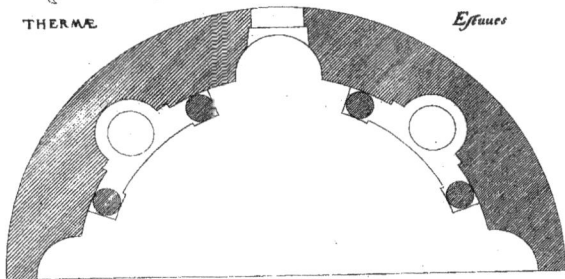

ed. Lévy Editeur · à Sens Sp.   Imp. Lemercier

CHALLUAU.

E bastiment est assis au pays de Gastinois, entre Fontainebleau, Montereau & Nemours : dont iceluy faict comme vn centre, ayant Fontainebleau pour occident, Montereau pour le Septentrion, & Nemours pour le midy. Ce bastiment n'est qu'vn corps, ayant quatre pauillons aux quatre coings. A l'entrée est vn perron à trois pans, Au dessus est vne chappelle couuerte, le Dosme dessus. D'iceluy perron on va à vn grand escalier, pour aller du premier estage au second. Chascun d'iceux est garny par le derriere d'vne salle, chambre, auec garderobes, montées, & priuez. Sur le deuant aux deux costez de l'escallier, & ioignant iceluy, sont deux estroites allées, par lesquelles lon va à vne allée, qui a iour des deux bouts, laquelle faict separation entre la salle & la chambre, loignant icelle, & entre les membres qui sont sur le deuant, qui sont, assauoir à main dextre & senestre, deux chambres, deux garderobes, montées, & priuez de chascun costé. Cest edifice est basty de pierre & brique. La couuerture d'iceluy est vne terrace de pierre de liais, sinuant à peu près l'ordre de sainct Germain en Laye, & la Muette. Ioignant iceluy par le costé dextre en entrant est vn iardin, au pied duquel est vn canal, duquel on pourroit faire de belles choses. L'autre costé opposite du iardin, dont le bastiment est entre deux, est vne montaigne, où sont bois de haute fustaye : & d'icelle montaigne se peut faire vn pont, duquel on iroit du bastiment au bois, tant la montaigne est pres du logis. Le Roy François premier fit bastir cest edifice en ce lieu, à cause quantité bois prochain y auoit grande quantité de cerfs. Ce lieu de present appartient à Madame d'Estampes, & s'en va fort ruinant, à faute d'estre habitué. Vous verrez le plan & elevations, qui vous feront plus certain du lieu.

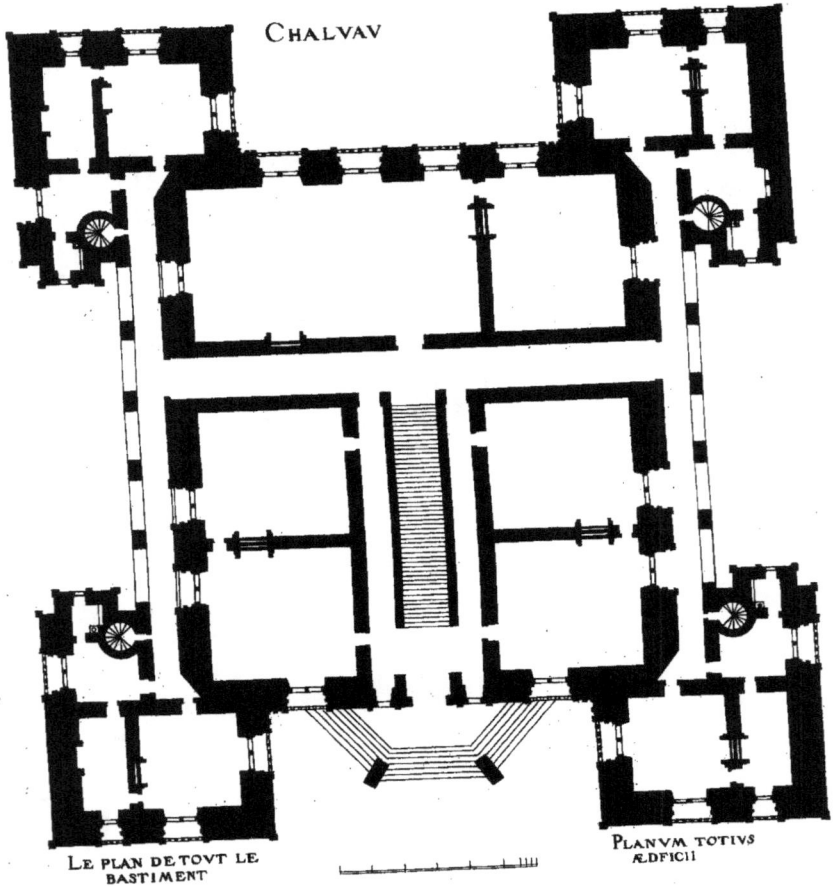

CHALVAV

LE PLAN DE TOVT LE
BASTIMENT

PLANVM TOTIVS
ÆDIFICII

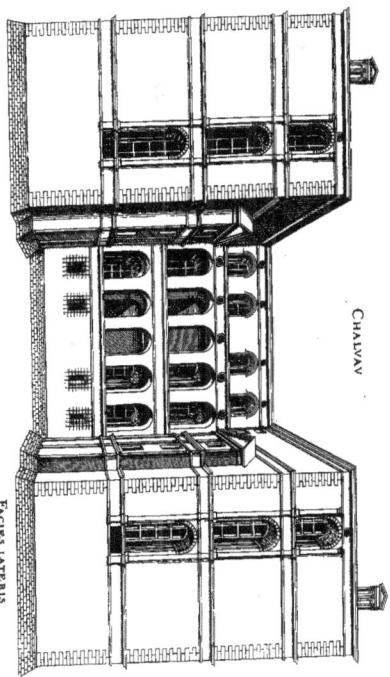

FACE DE LENTREE

LA FACE DV COSTE

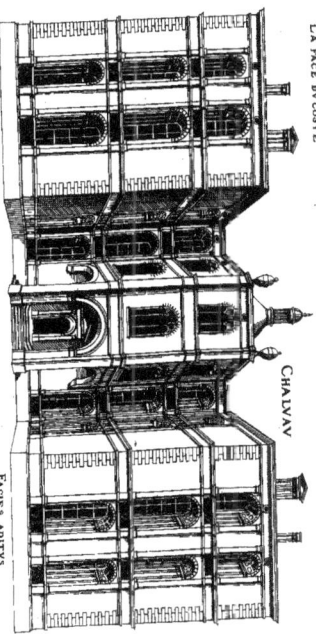

FACIES ADITVS

FACIES LATERIS

CHALVAV

CHALVAV

CHALVAV

BEAUREGARD.

E baſtiment eſt à vn particulier aſſis à trois lieues ou enuiron de Bloys du coſté du midy, en commune aſſiete. L'edifice n'en eſt pas grand, mais il eſt mignard, & autant bien accommodé qu'il eſt poſſible, pour ce qu'il contient. Le principal corps du baſtiment eſt vn pauillon, au premier eſtage duquel y a ſalle, chambre, garderobe. Prochain & ioignant ce corps eſt vn etcallier, par lequel on va à vne gallerie, tant au premier que ſecond eſtage, que pareillement aux eſtages du pauillon : & d'icelle gallerie à quelques membres fort bien & aiſément accommodez. Il y a en la court autres baſtiments faiĉts de plus long temps. Les veuës & croiſées du pauillon ont leur regard ſur la court & iardin, la gallerie dans la court : l'autre partie des veuës, aſſauoir du deuxieſme eſtage, ſur vignes. Tout ainſi que le baſtiment eſt plaiſant & iolly, auſſi eſt pareillement le iardin : de ſorte que le Seigneur, qui eſtoit Monſieur du Thier, ainſi que i'ay entendu, eſtoit curieux rendre ce lieu auec contentement : & meſmes que ſur le derriere de la galerie, qui n'a ſon regard que ſur des vignes, encore y a-il paiſir par le moyen des allées y pratiquées, reſpondantes à vne grande & large, qui eſt entre les vignes & le corps de la gallerie. De la baſſe court on va à vn parc aſſez grand & beau. Il y a pareillement quelques iardins fruiĉtiers, comme vous cognoiſtrez par le plan que ie vous en ay deſſeigné, auec les montées, de la pluſpart de tout le lieu, tant du coſté des vignes, que du coſté oppoſite : & par icelles eleuations pourrez iuger tant de l'edifice, que de tout le contenu.

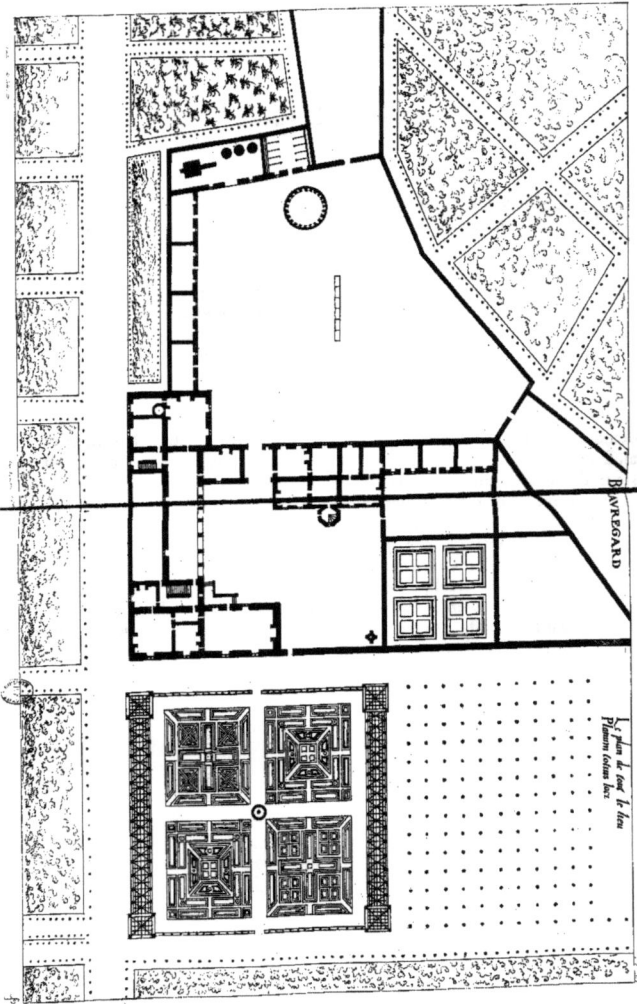

BEAVREGARD

Le plan de tout le lieu
Planum totius loci.

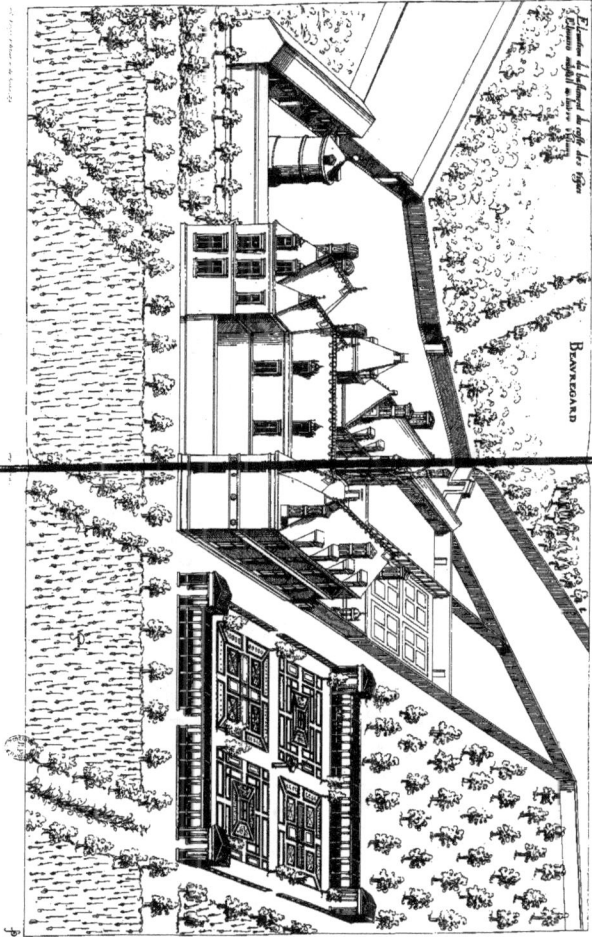

BEAUREGARD

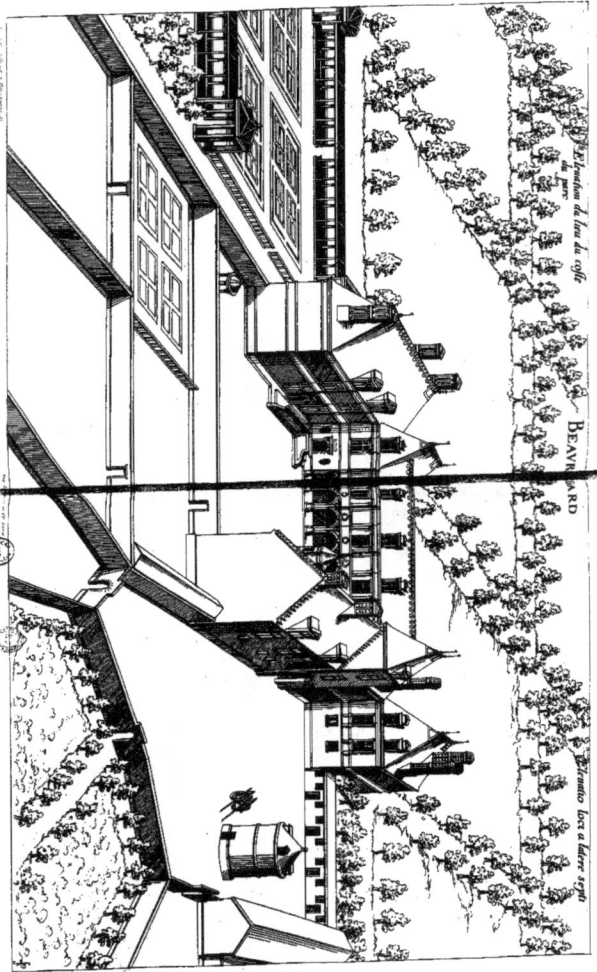

Elévation du lieu de coste

BEAVREGARD

BURY.

E baſtiment eſt aſſis à deux lieues de Blois, aſſez prochain de la riuiere de Loire du coſté de Septentrion. Il eſt eſleué, & de grand monſtre. D'vn coſté il deſcouure vn vallon deuers le bourg, qui va vers la riuiere, où eſt vne fort belle veuë. L'autre coſté s'eſtend en haut ſur la plaine. En ce lieu y a deux courts, celle du Sieur, & la baſſe. Celle du Sieur a vingtcinq toiſes en carré, entour laquelle, & aux quatre coſtez, ſont quatre corps de logis. Aux quatre angles d'iceux par le dehors ſont quatre tours d'aſſez belle monſtre. Dicelle court du Sieur on paſſé outre le baſtiment de la face, pour deſcendre par vn eſcalier au iardin, lequel n'eſt pas fort grand toutesfois fort beau & bien entretenu, & deſcouure le val cy deſſus dict, au milieu duquel eſt vne fontaine eſleuée. Ioignant ce iardin, & à coſté d'iceluy, y a vn ſecond iardin, qui pareillement a ſon regard ſur le val, & reſpond derriere la baſſe court. Les quatre corps de logis fermans la court du ſieur ſont accommodez, à ſçauoir le corps faiſant ſeparation d'entre la court du ſieur & le iardin, de ſalles, chambres, garderobes, ayant leur regard l'vn ſur le iardin, l'autre ſur la court. Des deux autres corps à dextre & ſeneſtre, celuy à dextre en entrant au premier & ſecond eſtage ſont galleries à croiſées, de la longueur de la court : le corps à feneſtre au premier eſtage eſt dedié à offices : au deſſus chambres, garderobes. L'autre corps qui faict la face de l'entrée, n'a qu'vn eſtage, & eſt par dedans la court vne gallerie à arcs, & voultée : & deſſus vne terrace ayant veuë ſur la court & ſur la plaine. La baſſe court eſt fermée la pluſgrande partie d'eſtables, granges, preſſouers, & autres lieux neceſſaires pour vne baſſe court. Feu Monſieur d'Alluye le fit baſtir. Le demourant pourrez vçoir par le plan & montées cy deſſeignées.

BVRY

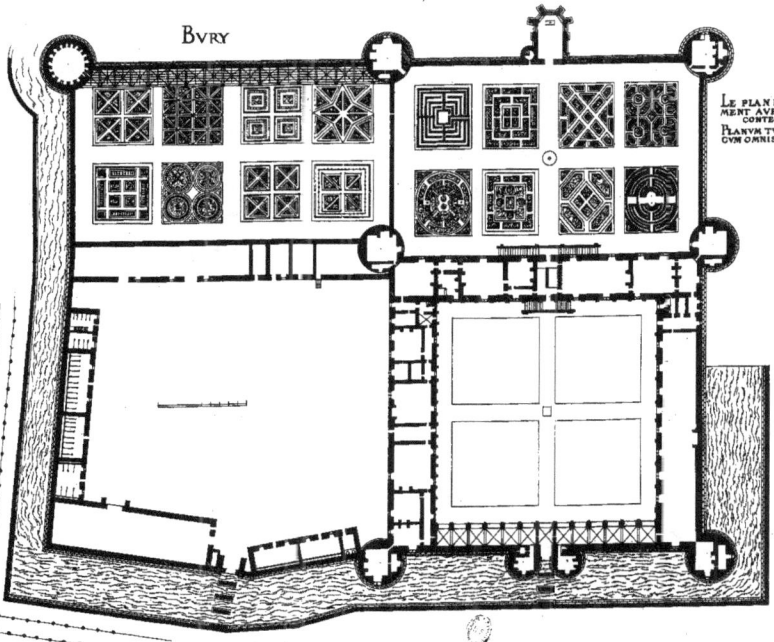

LE PLAN DV BASTI
MENT AVEC SON
CONTENV
PLANVM TVM ADIFICII
CVM OMNIS CONSEPTI

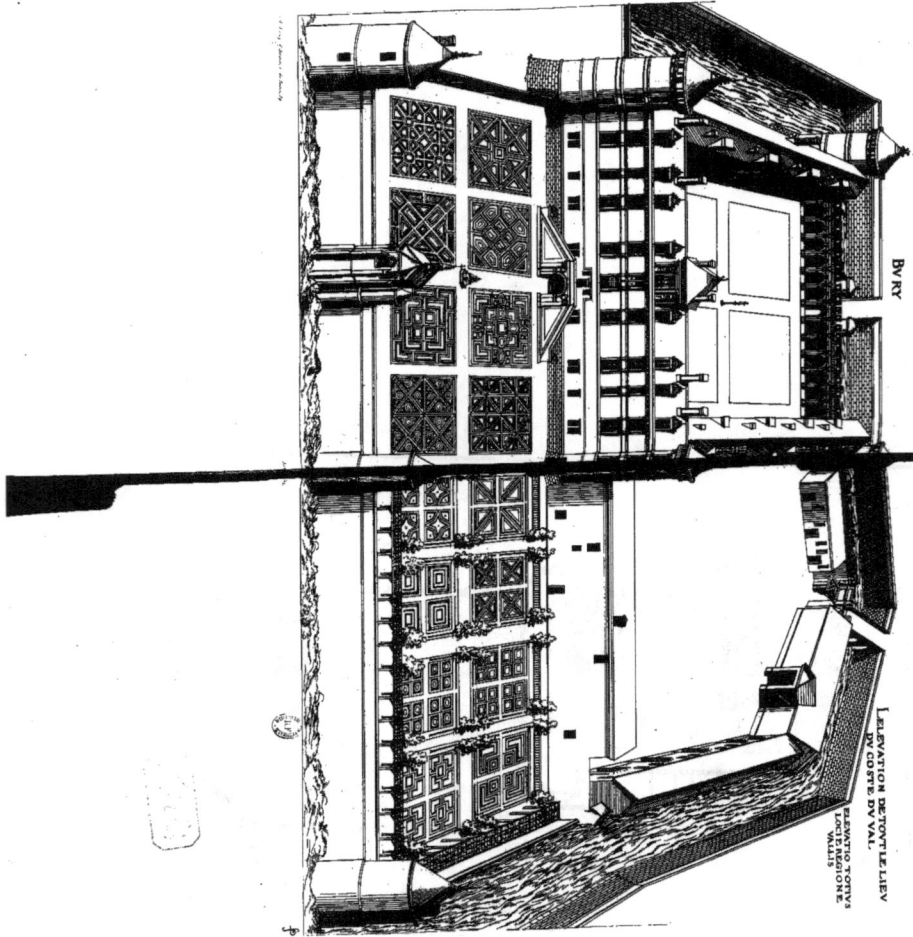

BVRY

LELEVATION DE TOVT LE LIEV
DV COSTE DV VAL.

ELEVATIO TOTIVS
LOCI EX REGIONE
VALLIS

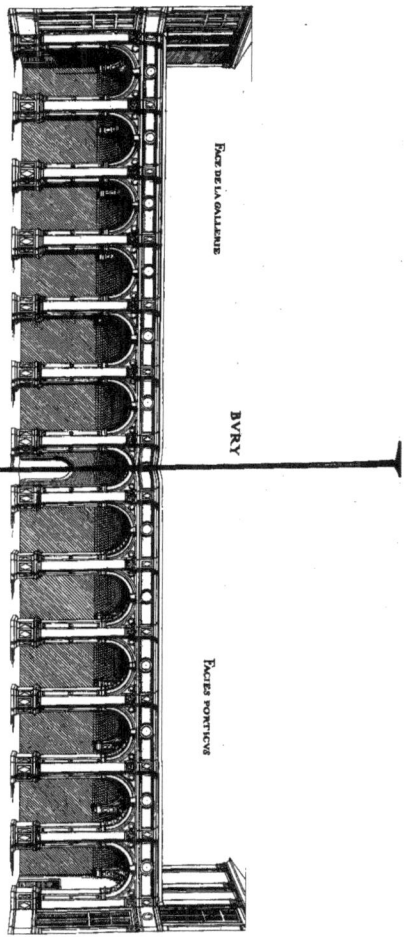

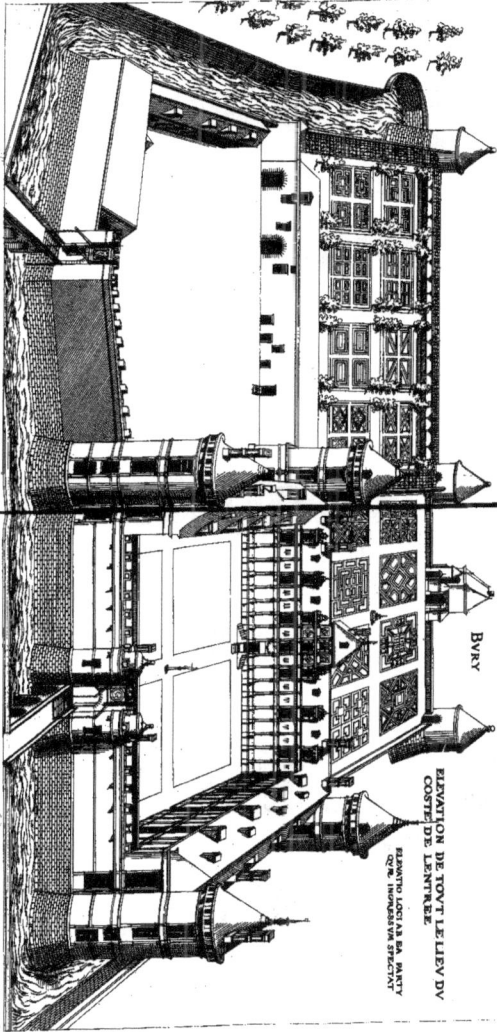

BVRY

ELEVATION DE TOVT LE LIEV DV
COSTE DE L'ENTREE

ELEVATIO LOCI AB EA PARTE
QVA INGRESSVS SPECTAT

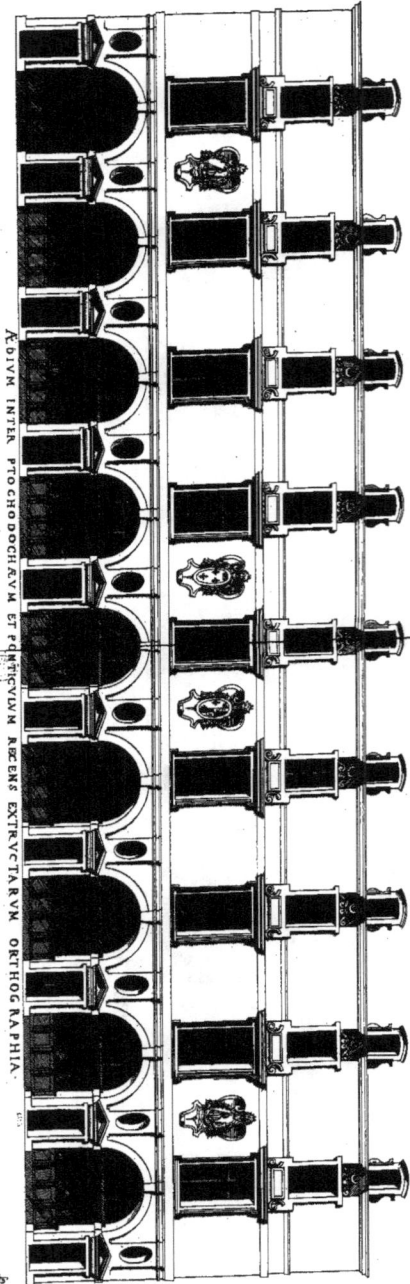

BATIMENT CONSTRUIT RÉCEMMENT ENTRE LE PETIT-PONT ET L'HOTEL-DIEU

ÆDIVM INTER PTOCHODOCHÆVM ET PONTICVLVM RECENS EXTRVCTARVM ORTHOGRAPHIA·

LE PONT SAINT-MICHEL

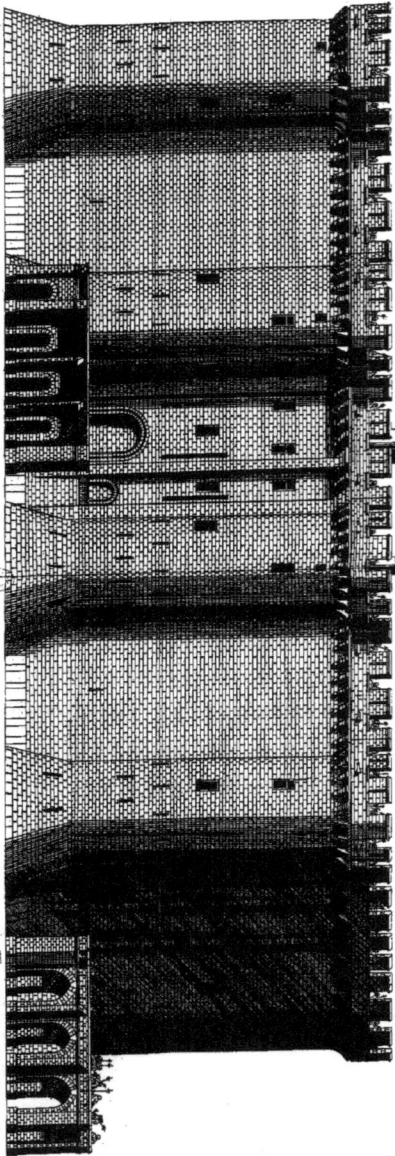

VETVS AD D· ANTONII PORTAM PROPVGNACVLVM CVI (LABENTIA) VVLGO NOMEN EST

PERSPECTIVE DE LA GRANDE SALLE DV PALAIS A PARIS

FONTAINE DES SAINTS INNOCENTS

www.ingramcontent.com/pod-product-compliance
Lightning Source LLC
Chambersburg PA
CBHW071450200326
41519CB00019B/5692